FASHION

时尚质感新娘

化妆造型实例教程

荷玛 ◎ 编著

人民邮电出版社
北京

图书在版编目（CIP）数据

时尚质感新娘化妆造型实例教程 / 荷玛编著. -- 北京 : 人民邮电出版社, 2020.10（2024.2重印）
ISBN 978-7-115-54296-0

Ⅰ. ①时… Ⅱ. ①荷… Ⅲ. ①女性－结婚－化妆－造型设计 Ⅳ. ①TS974.1

中国版本图书馆CIP数据核字(2020)第111749号

内容提要

本书由深耕彩妆行业十余年的人气化妆师荷玛历时两年重磅打造而成，她将近年来工作和教学中的创作经验精心整理后集结成这本专业且实用的美妆教程。

全书围绕时下流行的新娘造型展开，以发型为主，妆容为辅，并根据造型风格进行分类，包括简约风尚造型、温婉韩式造型、减龄少女造型、日系清新造型、意境中式造型、时尚晚宴造型和经典复古造型，为化妆师进行新娘造型提供了清晰明确的指导方向。此外，本书中的案例采用了个性化的创作手法，将传统经典元素与当下流行元素完美融合，非常值得学习。

本书适合化妆培训机构的讲师、化妆造型能力较薄弱的化妆师、化妆初学者及化妆爱好者学习，同时对于美妆造型方向的网络博主、即将举办婚礼的准新娘等也有一定的参考价值。

◆ 编　　著　荷　玛
　责任编辑　张玉兰
　责任印制　马振武

◆ 人民邮电出版社出版发行　　北京市丰台区成寿寺路 11 号
　邮编　100164　　电子邮件　315@ptpress.com.cn
　网址　https://www.ptpress.com.cn
　北京九天鸿程印刷有限责任公司印刷

◆ 开本：889×1194　1/16
　印张：16　　　　　　　　2020 年 10 月第 1 版
　字数：544 千字　　　　　2024 年 2 月北京第 7 次印刷

定价：148.00 元

读者服务热线：(010)81055410　印装质量热线：(010)81055316
反盗版热线：(010)81055315
广告经营许可证：京东市监广登字 20170147 号

• 16 •
• 24 •
• 26 •
• 28 •
• 30 •
• 32 •
• 34 •
• 36 •
• 38 •
• 41 •
• 46 •
• 48 •
• 50 •
• 60 •
• 64 •
• 68 •
• 72 •
• 78 •
• 88 •
• 90 •
• 94 •
• 96 •
• 98 •
• 102 •
• 104 •
• 108 •
• 112 •
• 118 •
• 122 •
• 124 •

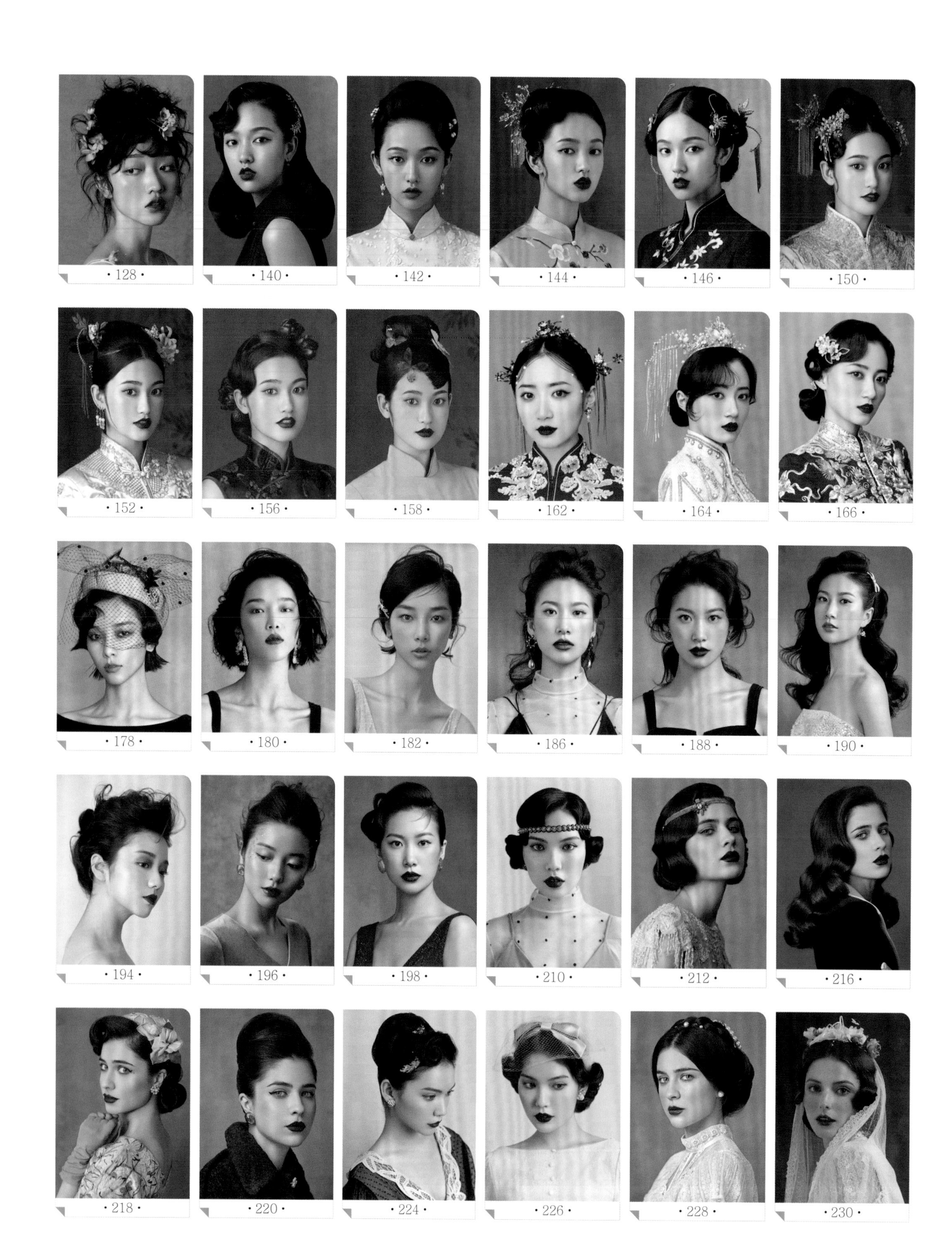

• 128 •
• 140 •
• 142 •
• 144 •
• 146 •
• 150 •
• 152 •
• 156 •
• 158 •
• 162 •
• 164 •
• 166 •
• 178 •
• 180 •
• 182 •
• 186 •
• 188 •
• 190 •
• 194 •
• 196 •
• 198 •
• 210 •
• 212 •
• 216 •
• 218 •
• 220 •
• 224 •
• 226 •
• 228 •
• 230 •

前言

2016年，我编写的第一本书《婚礼妆容造型全攻略》出版发行，受到了广大读者的好评。这也让我深深地意识到，虽然网络上有许多关于美妆造型的学习资料，但是广大美妆造型学习者迫切需要的是一本系统的、细致的化妆造型教程。这也使我萌生了编写第二本教程的想法。

近年来，我一直致力于小班化精品教学，并更多地参与到全国各地百人以上规模的大课教学当中，接触的学生数量更多，地域更广，因而我更加真切地了解到了广大美妆造型学习者的痛点所在，并认真地进行了归纳总结，希望能在这本书里集中展示给大家。

我们应当庆幸我们生活在互联网技术如此发达的时代，各类新媒体让我们能随时随地了解到全球较新的彩妆资讯，也能尽快用到世界流行的彩妆产品。但流行是一个轮回，我更愿意去探究20世纪20年代到50年代的妆发流行风格，然后用新的技法去展现它。对于复古妆容造型，这几年我总结的一些经验与心得也会在这本书里与大家分享。

这几年让我欣慰的是，我的学生有的成了优秀的化妆师、彩妆讲师，还有的成了超人气美妆博主。这也给了我巨大的动力与责任感去竭力编写这本书，不仅是为了帮助基础较薄弱的化妆师、彩妆讲师进一步提升自己，还为了让更多有一定造型经验或正在准备婚礼的准新娘得到更多的造型风格和造型思路启迪，让学习者得到更专业的知识，让准新娘有更多的造型选择，让我自己多年实践总结出的心得与技艺得以传承！

愿有一个最美的你！

推荐

【排名不分先后】

第一次见到荷玛老师是在北京余爱老师的服装发布会上。齐刘海儿，日式风格的穿搭，整体略显朴素的装扮，沉静少言，让我误以为这是一位花艺师。

直到第一次与她在摄影创作课程上合作，才真正领略到她心中洋溢着的对造型设计的无限热爱。她的作品就如同她的人一般，朴实中有着精致的内涵，在细节中展露着别具一格的巧思。

翻开这本书，踏入她的造型世界，我更加相信，当一个造型师不再用抢眼、个性的装扮来彰显外在，而是追求能够经得起推敲的东西，那么她在造型的这条路上就能够走得更远，也会更加自信。

倘若你正对美妆造型感到迷茫，不得其法，那么我建议你阅读本书，沉下心来学习荷玛老师精湛娴熟的造型手法，静心感受她的创作历程。这必然会重燃你对造型事业的激情，收获一份珍贵的启迪。

知名人像摄影师 卢伟

想要进入一个美的行业，需要与一位认真、美丽与专注的老师同行，荷玛老师在我心中就是这么一位老师。她在百忙之中精心编写了这样一本教程，讲解全面而细致，图文并茂，带给读者一场既能够解学习之饥渴又令人赞叹的饕餮盛宴。美是需要坚持的，愿我们在这条传播美的道路上砥砺前行。

MAKE UP FOR EVER 首席彩妆讲师 纪君

荷玛老师是一位思想饱满、执着敬业的艺术追求者。艺术源于生活而高于生活，这一点在荷玛老师的造型作品中被彰显得淋漓尽致。眼望她又出了新书，不禁为她感到高兴。书里的案例都是经过精心挑选的，并注入了她许许多多的造型理念与巧思，值得一读，推荐给大家！

上善教育校长 尉小北

荷玛老师是我多年的好友，得知她在百忙中又出新书了，不禁为她点赞！她是真正的知识传播者，无私、严谨且专注。她将多年的造型经验分享在此，这些造型堪称婚嫁美妆造型的典范，也是经典、实用与流行的结合。

LIZE工作室创始人 李泽

有的人说学化妆很难，我会说："它确实是门学问，且学习不在于多，而在于找对方法。"荷玛老师倾心编写的这本书简单又实用，她擅于利用基础的工具和尽可能少的色彩打造出简约而不简单的造型，让读者很快就能发现化妆的乐趣，并快速提升造型水平。这本书值得推荐！

资深化妆师 春楠老师

荷玛老师的作品犹如其人，沉静而洒脱，既符合当下的审美，又清新脱俗。荷玛老师对于造型的专注一直是我很欣赏的地方。她将长年积累的美妆技法和造型经验集结成书，并将十余载的行业心得和盘托出，旨在让读者快速、高效地学习并掌握专业的美妆造型技法，为行业培育和输送更多优秀的美妆造型师。

雨轩造型创始人 雨轩老师

一直以来，荷玛老师塑造的妆容兼具时尚与个性，深受大家喜爱。同时，荷玛老师也一直潜心于美妆造型的教学培训工作。相信她重磅打造的新书会给化妆师带来更多的灵感和启发。

资深造型师 Seven

目录

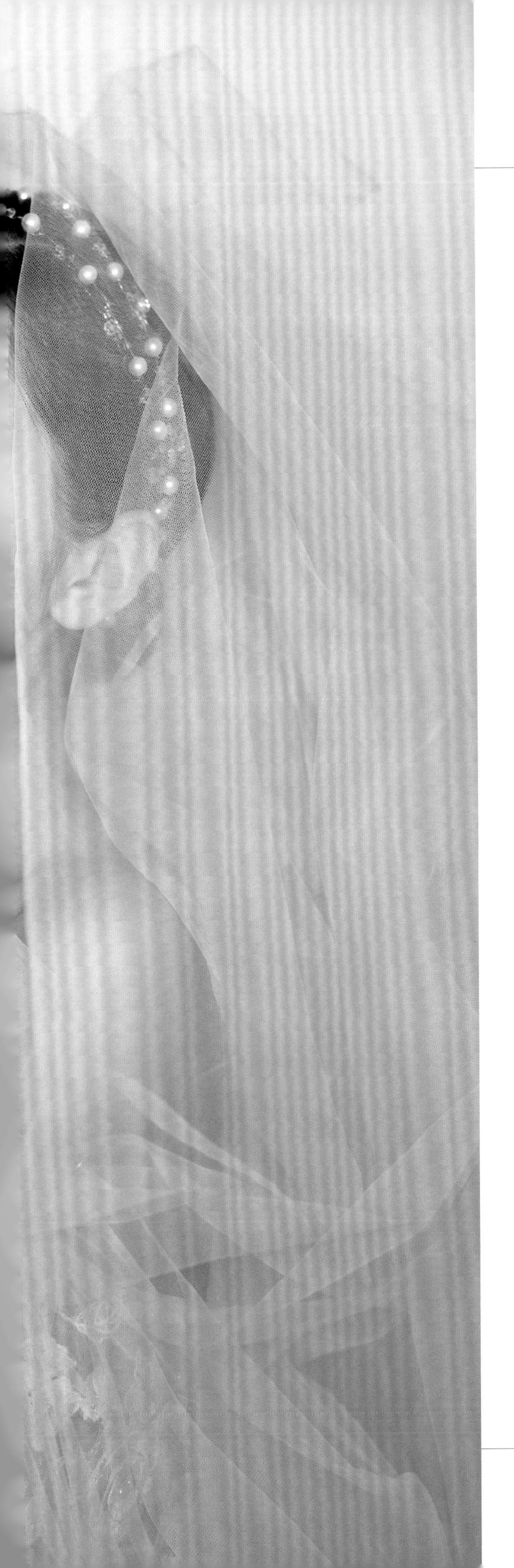

第 1 章

简约风尚造型

简约，是自信流淌，是在这繁华尘世的孤芳自赏，也是我们的生活态度——自在有范儿！

概述

国内彩妆行业一直受西方的影响，直至近些年，国人开始对彩妆有了自己的见解与要求。“Less is more”起初是建筑学领域提出的一个观点，如今被各领域所应用，造型领域也不例外。在日常的跟妆工作中，我们团队收到比较多的造型需求反馈就是简约之中保持个人特色，摒弃张扬和浮夸、烦琐和华丽，让造型整体呈现出灵动、干净、优雅的感觉。

妆容教程示范

简约风尚妆容是体现自然质感效果的代表性妆容，重在表达人物肌肤的原生质感及状态，所有的操作与刻画所呈现的效果必须是不失真的、高级的且仿若天生的。在妆容打造过程中，难免会有一些矫正性的操作，但矫正并非最终的目的，最终目的是呈现美感和质感。打造简约风尚妆容时，颜色的使用不会过多。颜色搭配和谐与否与造型师的审美息息相关，也是较难把握的一点，需要我们反复摸索和训练才能准确把握。

使用妆品

01 Dr.Jart+ 锁水保湿精华乳
02 GIORGIO ARMANI fluid sheer 高光提亮修颜液
03 MAKE UP FOR EVER 双用水粉霜（Y215#）
04 MAKE UP FOR EVER 清晰无痕粉底液（Y218#）
05 IPSA 三色遮瑕膏
06 BOBBI BROWN 眼线膏（黑色）
07 NARS 双色眼影（Mediteranee）
08 HOMA 星级定制款睫毛（自然款）
09 MAKE UP FOR EVER 三头塑颜眉笔
10 SHISEIDO 雾感慕斯高光腮红（10#）
11 CHANEL 编织斜纹软呢五花肉腮红(140 TWEED BEIGE)
12 M.A.C 子弹头口红（#707 Ruby Woo）
13 YSL 细管小金条（21#）

操作要点

简约妆容的重点在于"简"。无论是底妆还是眼妆，都不宜刻画得过于复杂，在呈现本身质感的同时要起到完美的修饰作用。在造型过程中可以选择1~2个点重点突出，但是突出并不意味着要操作得多么复杂。本章所示范的妆容对妆面各个部分都进行了描画，但只是用颜色重点突出唇部，以及通过黑色线条调整眼形，其他都一笔带过。

操作过程

Step 01　在模特皮肤状态较好的情况下，用锁水保湿精华乳完成护肤，用高光提亮修颜液进行面部提亮，然后将双用水粉霜与清晰无痕粉底液进行调和，并用较大的粉底刷蘸取后均匀地涂抹于面部，使底妆保持轻薄。

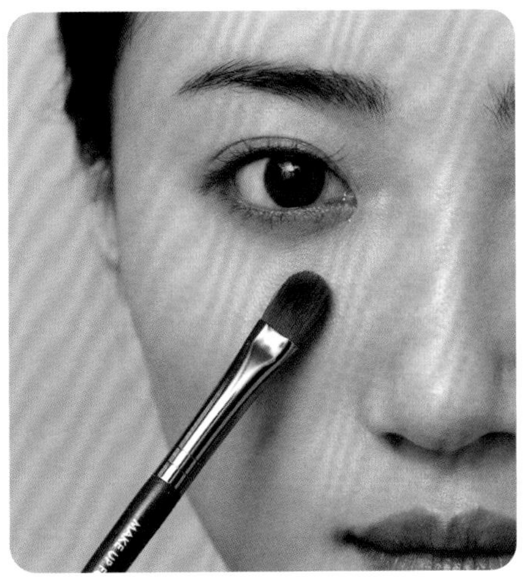

Step 02　选择一款毛质细密的遮瑕刷，蘸取遮瑕膏中偏橙色的膏体，并以少量多次的形式均匀涂抹于黑眼圈处。

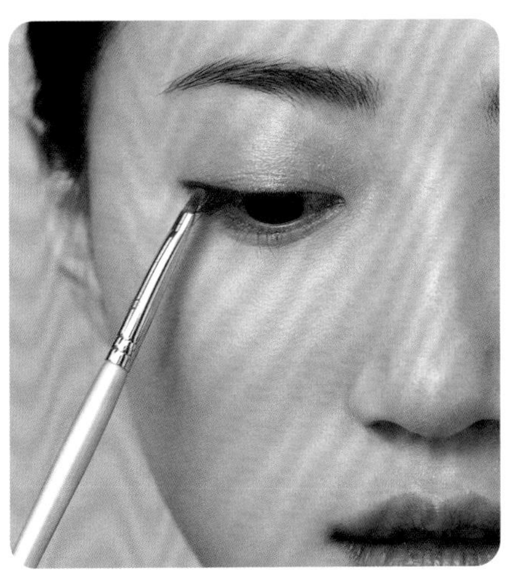

Step 03　用BOBBI BROWN眼线膏在上眼睑的睫毛根部勾勒出一条平滑流畅的眼线，并且在眼尾处加深。

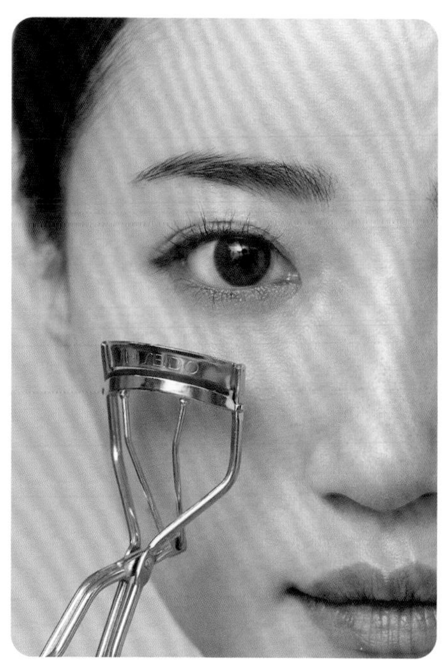

Step 04　根据模特的眼睛形状，选择弧度合适的睫毛夹，以分段的方式将睫毛夹至自然卷翘。

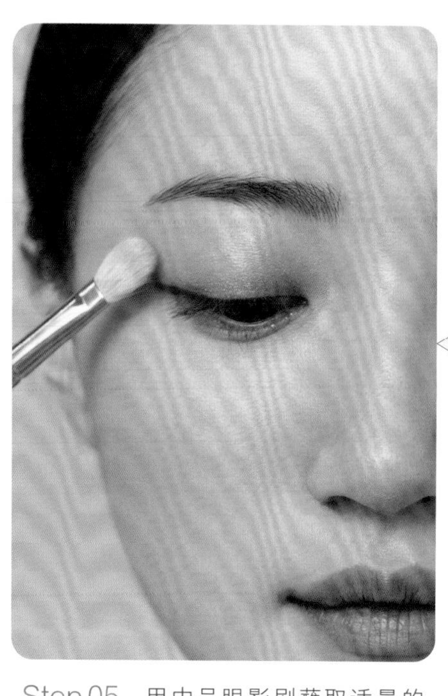

Step 05　用中号眼影刷蘸取适量的NARS双色眼影，在上眼睑处淡淡晕染。

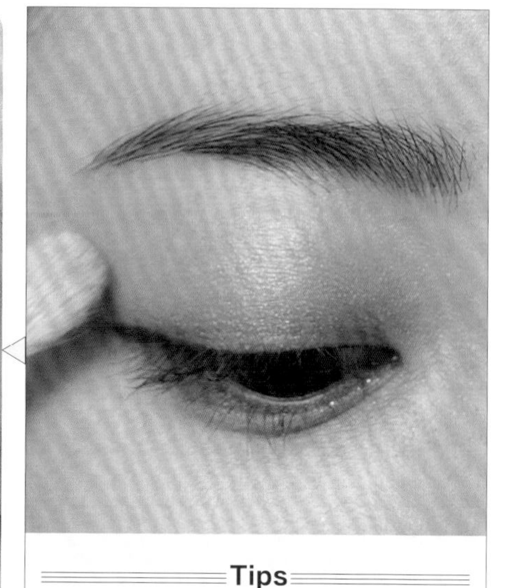

Tips

由于眼影并不是本妆容想要体现的重点，因此关于眼影的晕染，只需要用颜色较自然的浅淡眼影粉（或眼影膏）在上眼睑处晕染并体现出些许层次感即可。

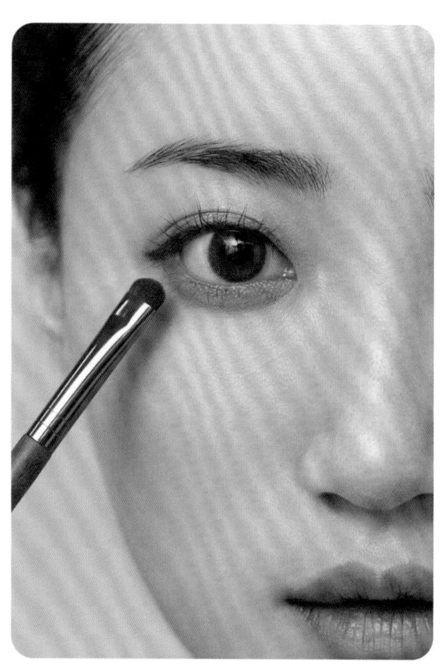

Step 06　用小号眼影刷蘸取NARS双色眼影中的自然色，晕染下眼睑，使上下眼影自然衔接。

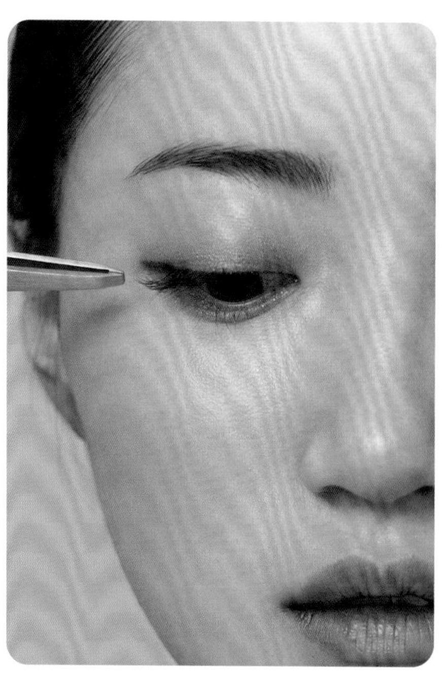

Step 07　选择HOMA星级定制款睫毛，采用单株穿插的方式在真睫毛的空隙处进行粘贴。

Step 08　用MAKE UP FOR EVER三头塑颜眉笔完善眉形，然后以单根添加的方式在眉毛缝隙处进行描绘。

Step 09　用毛质松散且柔软的腮红刷蘸取雾感慕斯高光腮红，在脸部内轮廓区域轻扫，以突出内轮廓。

Step 10　用腮红刷蘸取编织斜纹软呢五花肉腮红，轻扫内外轮廓交界线处，适当提升气色，但应避免使妆容显得过于浓重。

Step 11　唇妆是本款妆容造型的重点。将M.A.C子弹头口红与YSL细管小金条进行调和，形成较高饱和度的红色，用唇刷以满唇的方式进行涂抹。整体检查妆容，结束操作。

· 完成 ·

The End

发型教程示范

极简发丝发型

对发丝的控制力是发型师做好造型的决定因素。发丝与发型的关系是个体与整体的关系，发丝与发型又有着相互作用的关系。发丝多种多样，在长度、颜色、质感、走向、卷曲的形态等方面有所不同。多根发丝能组成发束和发片。这些发片又通过各种各样的形状（如曲线形、卷筒形、弧线形等）排列组合，从而形成整体的发型。当然，发丝也可以独立存在并作为一种表现形式。极简发丝发型所研究的，就是独立存在于发片和纹理之外的发丝给人带来的观感。

⇨ 造型要点

极简发丝发型塑造的要点在于发丝的表现。能够精准地找到少量的发丝，将其控制好并表现出一种和谐的美感，是这款发型成功的关键。在这类造型中，对发丝量感、质感和位置的控制是较为重要的。带有曲线的发丝过多或者发丝的曲线弧度太大，都无法达到简约的效果，我们常说“越简单的造型越难以处理”就是这个原因。能够精准地控制发丝是体现造型师审美与功底的重要衡量标准。

教程示范 1

Step 01　选择28号卷发棒，采用边卷边放的方式将发丝整体向后竖向烫卷。如此操作有利于增加发丝的竖向纹理。

Step 02　以左右两侧耳尖为基准点将头发分为前后两个发区，然后用马尾绳将后区发丝扎成一条紧致的马尾，注意马尾的高度。

Step 03　将前区头发做三七分处理，然后将左侧发丝全部斜向后梳理至后发区并遮挡住前后区分界线。针对图中梳子所在位置的发丝，可临时用鸭嘴夹固定。

Step 04　将前发区发量较多的一侧自三七分线处顶区的发丝向右侧梳理，然后将鬓角一侧发丝向后梳理至后发区。同样的，针对图中梳子所在位置的发丝，可临时用鸭嘴夹固定。

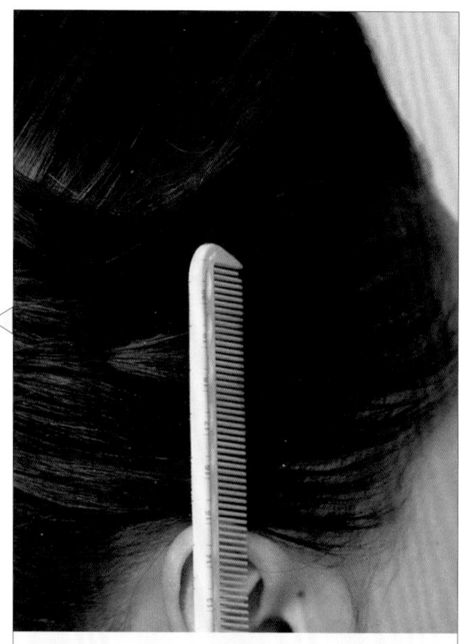

Tips

在往后梳理头发时，注意确保头发表面光滑、平整，且发流干净、清晰。

Step 05　将梳理至后发区的右侧发片与后发区的马尾分开，作为两部分，马尾部分暂时不做处理。鬓角处可用适量激光粉点缀一下。

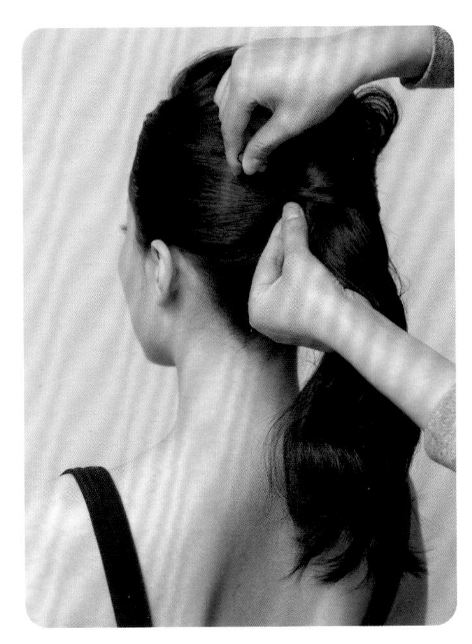

Step 06　用右侧的发片向左包裹住后发区扎好的马尾结点处，然后用U形卡将包裹马尾的发丝加以固定。

Step 07　将所有发丝在后发区固定好，整体分为不平均的三股头发，编三股辫。

Step 08　将后发区编好的三股辫向上推，在头顶形成隆起的弧度，然后在图中左手大拇指所在的位置进行固定。

Step 09　将发尾单独取出，用28号卷发棒做烫卷处理，使发尾呈现略向上的弧度效果。做整体调整，结束操作。

· 完成 ·

The End

教程示范 2

Step 01　用28号卷发棒将刘海儿区发丝向后烫卷，注意烫的时间不宜过长。

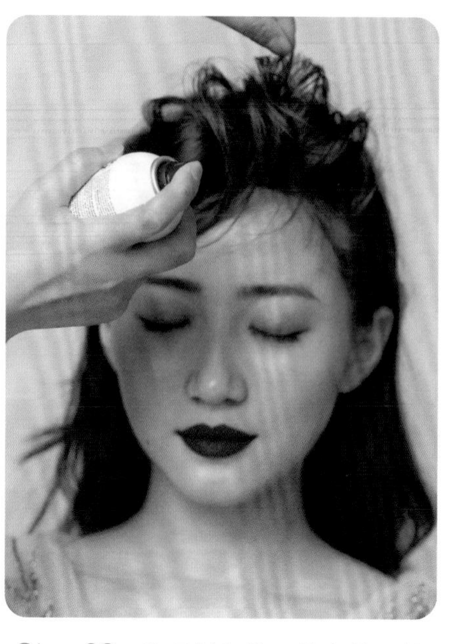

Step 02　整理刘海儿区的发丝，然后用钢夹将刘海儿区固定出一定的高度，并留出发尾部分，再用发胶定型。

Step 03　以黄金点为圆心取头顶的发片，向上做两股拧转处理，并将发片底部尽量拉得松散一些。

Step 04　将发尾以拧转的方式收成一个小发髻，并将发髻调整得更为松散一些。

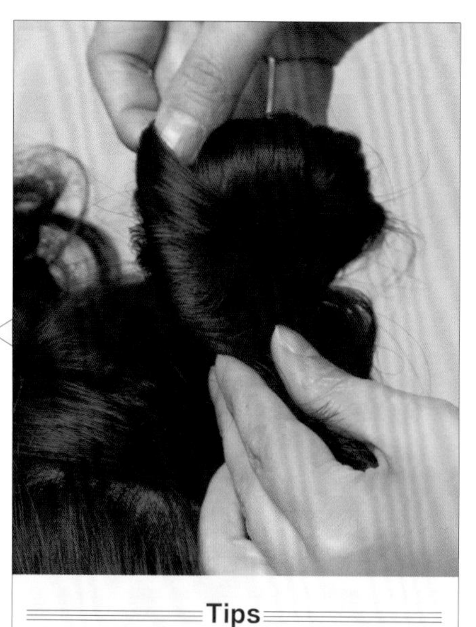

Tips

注意，调整发髻的发丝需要在保留发髻基本形态的前提下进行，不可过于松乱。

Step 05　将后发区剩余的头发整体梳理通顺，然后向上做拧包处理，之后在拧包的转折接缝处用U形卡暂时固定。

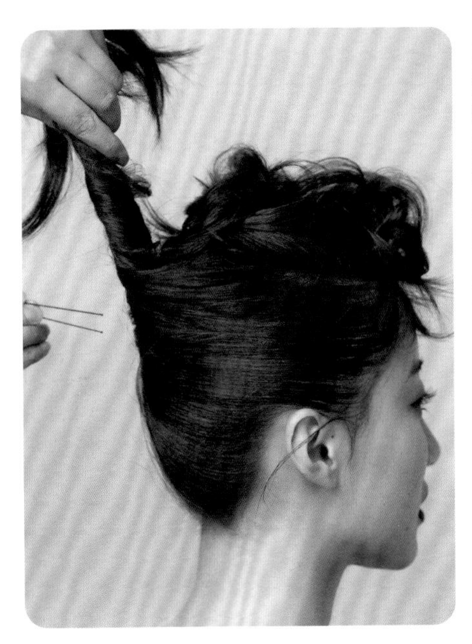

Step 06　一个U形卡无法将拧包固定牢固，因此这里并排固定多个U形卡，使拧包更加牢固。

Step 07　将剩余的发尾整体做两股拧转处理，并适当将两股拧转的纹理抽松。

Step 08　采用8字拧转的手法，将两股拧转的发辫制作成发髻的形态，并用U形卡加以固定。

Step 09　调整刘海儿区的发丝纹理，使其呈现出高低错落的感觉，使发型效果整体看起来更为和谐。

Step 10　佩戴发饰，结束操作。

· 完成 ·

The End

教程示范 3

Step 01　选择28号卷发棒，采用边卷边放的方式将发丝整体向后竖向烫卷，增加发丝的纹理。

Step 02　计算好想要预留出的头发长度，然后在合适的位置用皮筋将头发扎成一个松散的马尾形态。

Tips

注意，Step 02的操作是为后续内扣做准备的，因此在扎马尾之前，一定要先把头发全部梳理通顺。

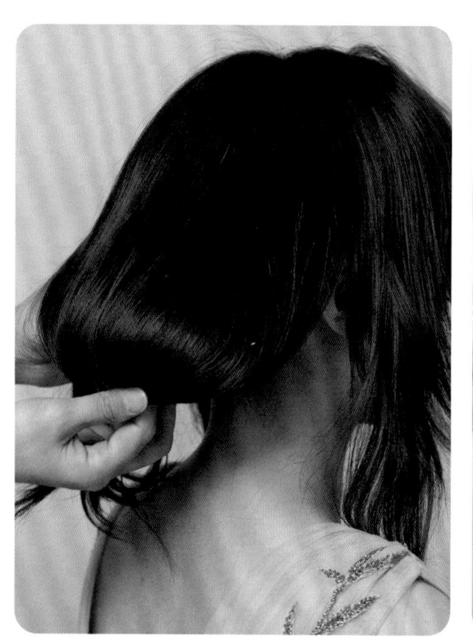

Step 03　自扎马尾结点开始，将结点以下的发尾部分往上进行内扣收拢处理，使后发区形成一个类似于短发状的发包。

Step 04　整理后发区表面的发丝，轻轻将发丝拈起后喷发胶定型，制造发丝轻盈的空气感。

Step 05　调整前发区右侧的头发，用手代替梳子将头发整体向后梳理，并将发丝调整得更为松散。

Step 06　用U形卡将右侧发区的发丝固定在后方，然后用U形卡在后发区发包底部与发丝稍作缠绕，再固定发包，使发包更牢固。

Step 07　前发区左侧的发丝以与前两个步骤相同的操作方式进行处理，使头发显得松散并调整发丝。这一步是此发型打造的关键。

Tips

在抽取发丝时，注意不可过量，保持适当的松散状态可让发型看起来自然且有型，过量可能会适得其反。

Step 08　正面观察发型，调整发丝的纹理，使头发整体轮廓更完整且相对更圆润一些。

Step 09　烫卷的头发在处理时会出现发丝粘连的状况，将发丝撕开并轻喷发胶定型，使发丝呈现出轻盈、灵动的效果。结束操作。

· 完成 ·

The End

教程示范 4

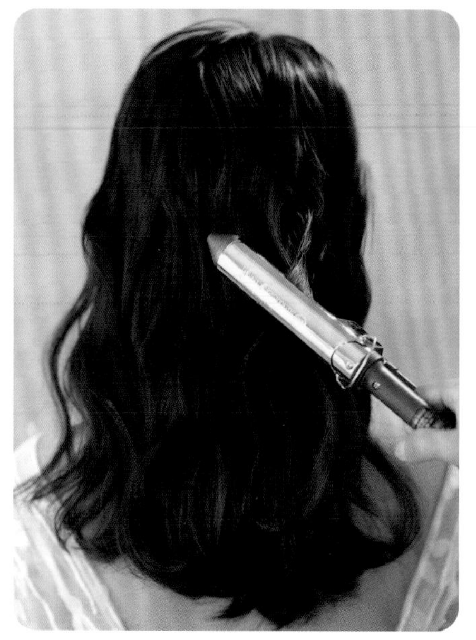

Step 01　选择28号卷发棒，将发丝整体向后做竖向烫卷，边卷边放，以增加发丝的竖向纹理。

Step 02　将前发区的头发做三七分处理，然后在顶区取适量头发做两股拧转处理，并将正上方发丝抽出一定的高度，起到修饰脸形的作用。

Step 03　将前区左侧的头发做三加二编发处理。编发时需要保持头发有较为流畅的纹理弧度，不可过紧，否则会显得老气，之后用U形卡固定。

Step 04　前区右侧头发的处理方式和左侧类似，只是将三加二编发改为两股添加拧转处理。将发丝抽松，让发型的空气感更强。

Step 05　将两侧发区的头发全部收至后发区。将后发区的所有头发分为四份，分别进行两股添加拧转处理，使整个后发区呈现出好看的纹理感。

Step 06　将拧转后的每一束头发在枕骨以下的位置收拢，并用U形卡固定。

Step 07　将后发区的发尾部分整体进行两股拧转处理，两股拧转时注意发辫不可抬得过高。

Step 08　将拧转后的发辫在后发际线处环绕成一个低发髻并固定。

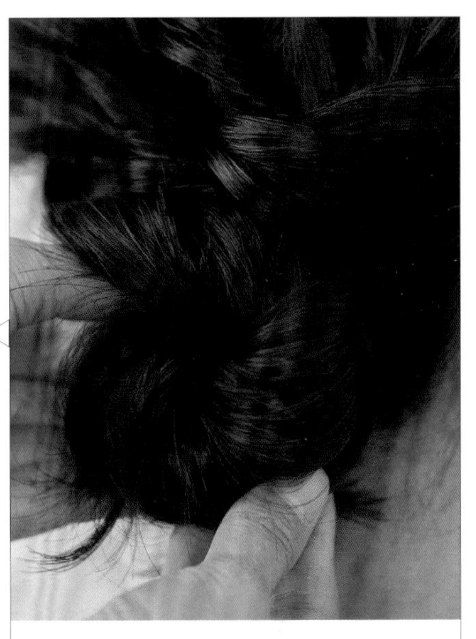

Tips

在固定头发时要注意隐藏发夹，避免露出发夹而影响整体发型的美观度和精致度。

Step 09　在右侧耳后戴上饰品，结束操作。

· 完成 ·

The End

教程示范 5

Step 01　将头发整体分为前后两个部分，注意前发区的宽度可略宽。之后用28号卷发棒选取前区左侧表层的头发做上下波纹卷处理。

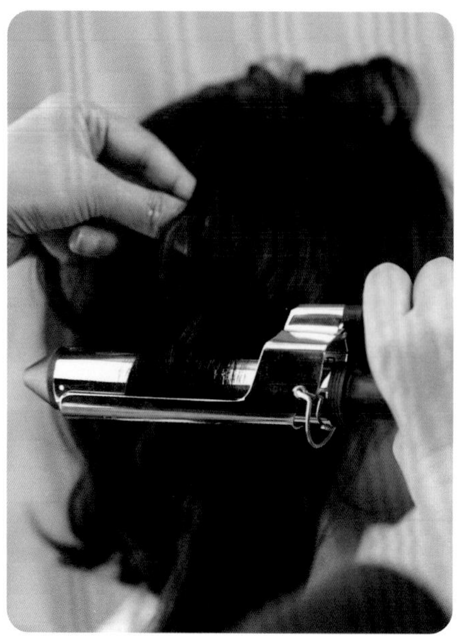

Step 02　用与前区左侧同样的方法对前发区右侧的头发进行处理。

Step 03　从后发区发际线位置开始将头发分成三份，选取最右侧的一份做8字拧转处理并向上堆叠，再用U形卡固定。

Step 04　选取中间一份头发并以8字拧转的手法进行处理，同时向上堆叠，再用U形卡固定，使其与右侧头发相衔接。

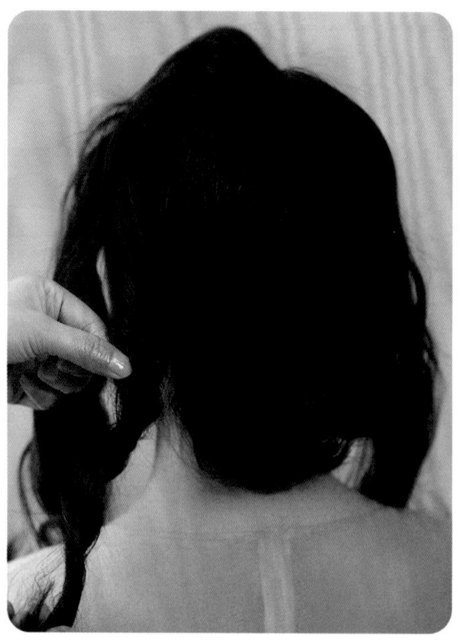

Step 05　取左侧较少的头发进行两股拧转处理，然后适当抽松发丝，并继续向右侧进行堆叠固定。

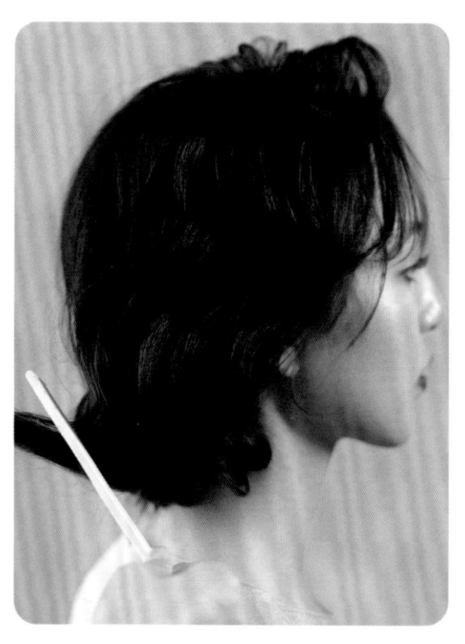

Step 06　将右侧卷烫好的头发用梳子轻轻梳理，待表面纹理平整后向后轻带，并在图中梳子所在的位置用U形卡进行固定。

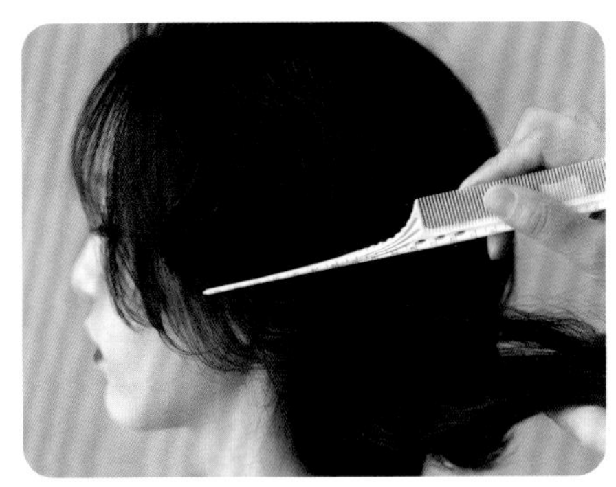

Step 07　左侧烫卷好的头发进行相同的处理，往后轻带发片时可用梳柄轻压发丝并找到合适的转折位置，避免头发过于蓬松。

Tips

在后区每堆叠一次头发，都要注意堆叠后发型的整体效果是否合适，并使之从视觉上形成一个整体。

Step 08　将左右两侧的头发固定在后发区，将发尾根据发丝的纹理走向进行两股拧转处理，并使之与后发区相衔接。

Step 09　佩戴饰品，结束操作。

· 完成 ·

The End

教程示范 6

Step 01　将整体经过烫卷的头发分为前后两个发区，注意分界线需要靠后一些。然后将后发区的头发用马尾绳在黄金点处扎成高马尾。

Step 02　将马尾进行两股拧转处理，环绕成一个发髻并固定于黄金点处。

Step 03　将黄金点处的发髻做适当抽拉处理，使其稍微松散一些，避免过于紧致，否则会显得生硬刻板。

Step 04　取前发区约1/2发量的头发，梳理通顺后向后翻转，使其形成一定高度后用U形卡固定。

Step 05　以错落的形式在前发区右侧取发片，即上方发片在靠近后方处选取，下方发片在靠近前方处选取。

Step 06　将两片发片进行较松散的两股拧转处理，中间可留有一定的空间，使发型的纹理更加明显。

Step 07　用尖尾梳整理好刘海儿区的发丝，使其呈现出较理想的弧度和纹理效果。然后将其余发丝向后进行梳理，并在发尾处做两股拧转处理，在后发区固定。

Step 08　将汇聚在后发区的头发整体做两股拧转处理，并在节点处用U形卡固定。

Tips

每固定一次头发都要保持发髻光滑、干净，避免凌乱。这样抽取出来的发丝才会显得更加自然、干净。

Step 09　将拧转后的发辫盘成一个小发髻，用U形卡固定，并使其与黄金点处的大发髻相衔接。佩戴发饰，结束操作。

· 完成 ·

The End

教程示范 7

Step 01　用28号卷发棒将头发整体做外放式烫卷处理。将头发基本梳理通顺，然后以黄金点为圆心取发，将其编成三股辫。

Step 02　将三股辫用皮筋扎好，然后将三股辫抽拉得更松散一些。

Tips

在抽拉头发时，注意力度要均匀，且不可抽拉过多，避免发辫太过松散、发丝过度凌乱。

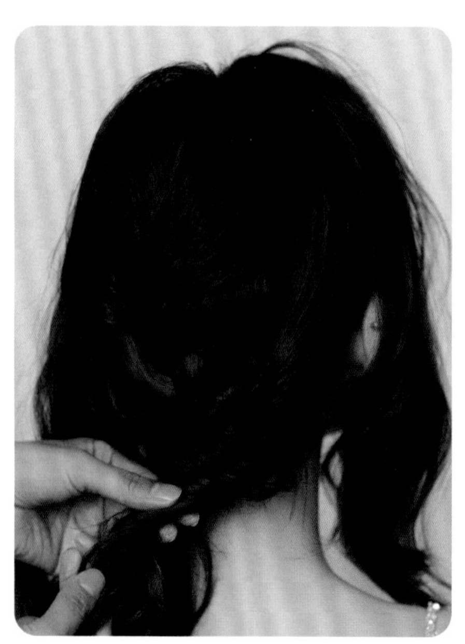

Step 03　将三股辫在枕骨附近盘成一个小发髻。然后将后发区右侧的头发进行两股拧转后向中间区域集中，并用U形卡固定。

Step 04　将后发区左侧剩余的头发进行两股拧转后向枕骨中间区域处固定，并将发尾留出。

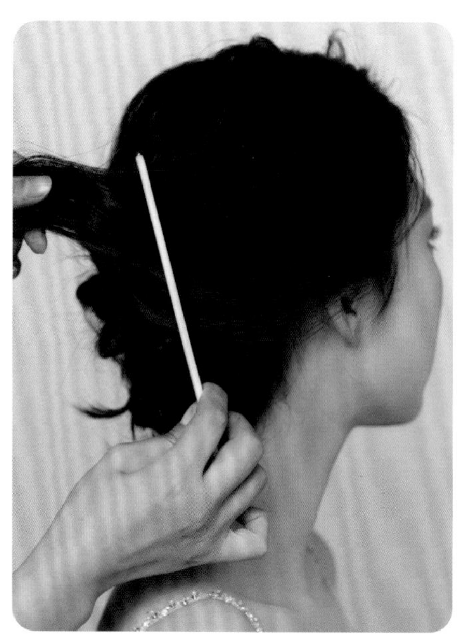

Step 05　将前发区右侧的头发向后梳至图中梳子所在的位置。梳理时注意整体弧度的流畅感。

Step 06　在发片的尾部进行两股拧转操作，拧转时注意不要破坏上面发丝的弧度，拧转完成后用U形卡固定。

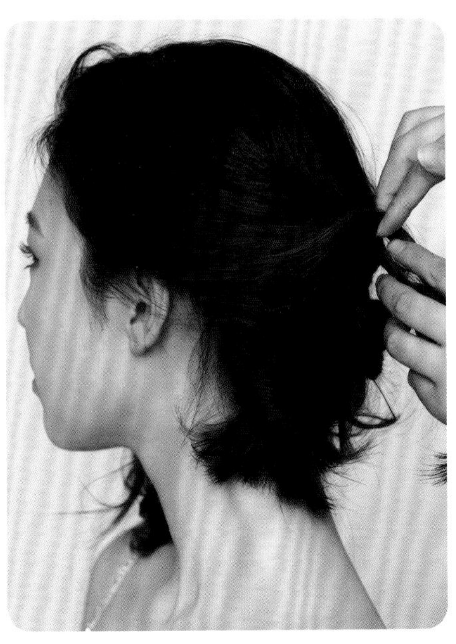

Step 07　采用与前发区右侧同样的方法将前发区左侧的头发处理好。

Step 08　调整前发区顶部和耳侧发丝的纹理，注意发丝与发量都不宜过多，且发丝的轮廓需正面可见。

Step 09　将饰品佩戴在合适的位置，起到修饰的作用。这里选择的是银白色水钻类饰品，避免选择过于夸张的饰品。结束操作。

· 完成 ·

The End

教程示范 8

Step 01 选取28号卷发棒，将头发整体向后烫卷，边卷边放，以增加头发的竖向纹理感，使卷发更自然。

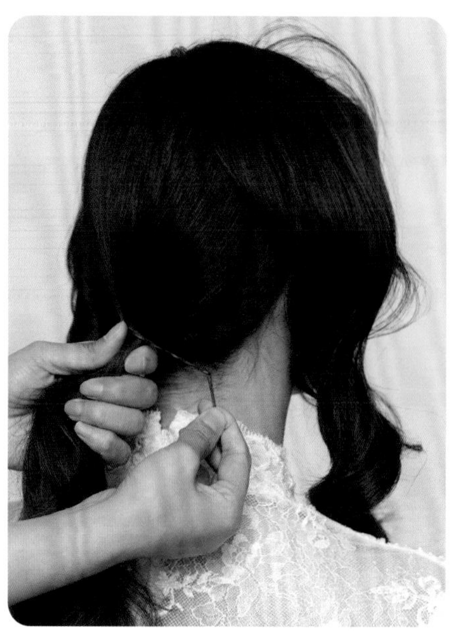

Step 02 以左右两侧耳后点的连接线为分界线，将头发整体分为前后两个区域，前发区的发量不可过少。将后发区的头发扎成一条低马尾。

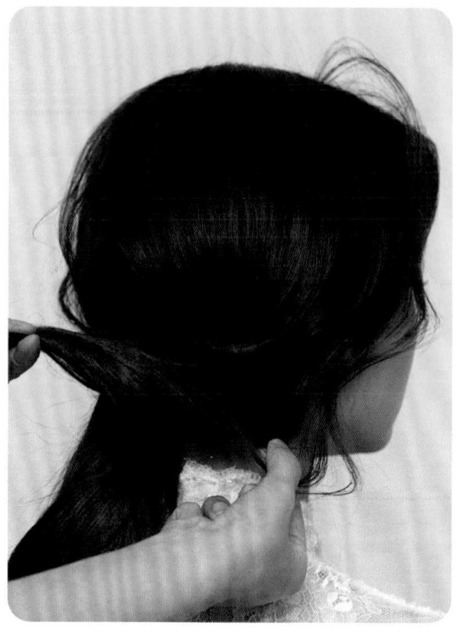

Step 03 将前发区右侧的头发向后梳理平整，遮挡住发际线且使前后发区连接起来。然后在顶区及侧发区的边缘处适量抽丝，并将发尾部分向上拧转。

Step 04 将前区右侧的头发拧转成一个小发髻并固定。然后对马尾部分进行同样的拧转操作，使发髻之间相互衔接。

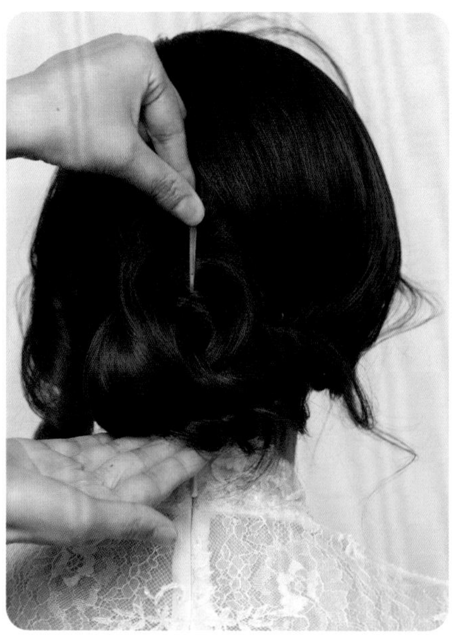

Step 05 用小号定位夹在马尾拧转所形成发髻的边缘处加以固定，然后轻喷发胶，使之定型。

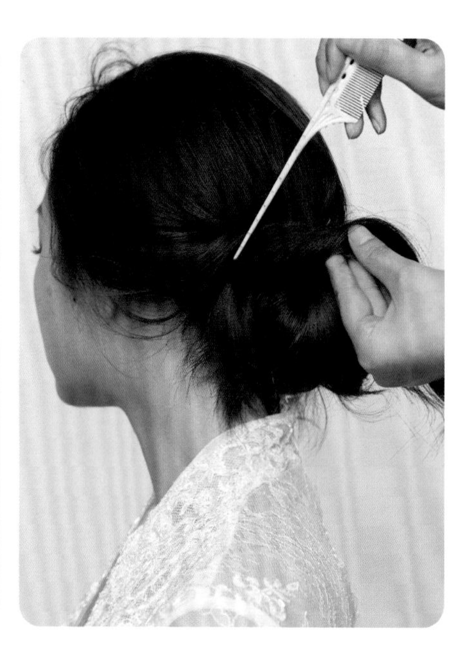

Step 06 将前发区左侧的发片向后梳理至平整状态。然后在尖尾梳梳柄所示位置进行拧转操作，并适当抽出些许发丝。

Step 07　将前发区左侧预留出的发尾进行翻转操作，使发尾部分形成一个卷筒，并与后发区的发髻相衔接。再留出一定长度的发尾，用钢夹固定。

Step 08　调整发尾的头发，将头发轻轻拈起并轻喷发胶，再按照卷烫过的发尾形成的自然纹理定型，使发丝更为明显，并增加空气感。

Step 09　进一步调整发丝的纹理，然后用带有大小不同珍珠的U形卡在发型纹理结合处进行点缀固定，使发型效果更理想。

· 完成 ·

The End

简约披发发型

披发发型具有易操作且风格多样的特点，因此是运用较为广泛的时尚造型之一。一般来说，发丝形态的不同决定着披发的不同形式，所以做好披发发型的关键在于对发丝的处理。说得更具体一点就是，一定要重视造型前对吹风、打底、烫卷等各个流程的处理。只有发丝处理得足够理想，披发发型的风格体现才会更到位。

⇨ 造型要点

披发发型的操作过程非常简单，重点是前期对发丝的处理和后期对整体发型的调整和打理。针对不同种类的披发所要呈现出的效果，前期和后期的操作手法不尽相同。本案例中发型的重点在于对发型的整体轮廓和蓬松度这两个方面的把控与处理。

⇨ 操作过程

Step 01　用28号卷发棒将刘海儿区发丝的尾部进行内扣式烫卷，注意刘海儿不宜过度卷曲，因而主要烫卷发尾部分。

Step 02　除刘海儿区外，其余发丝全部向后做外翻卷处理，一定要以边卷边放的方式进行烫卷，以增强头发的竖向线条感。

Step 03　以发区黄金点为圆心，取大小合适的圆形区域的发片，适当倒梳后做扣转上推处理，使之形成一个圆形的发包，并用U形卡固定。

Tips

倒梳时注意力度要均匀，同时要使扣转上推后的发包表面保持干净自然，避免发丝凌乱。

Step 04　取前发区右侧发片，向后进行梳理。然后在后发区发包固定处做扣转处理并进行固定。

Step 05　前发区左侧头发的处理方式与右侧相同。向后梳理时注意侧发区头发的纹理走向和与发包的衔接，使发型成为一个整体。

Step 06　在发包固定处取适量头发，进行松散的两股拧转操作，然后以8字拧转的方式在枕骨附近盘绕成一个花苞形发髻，初步固定。

Step 07　用U形卡将花苞形发髻固定牢固。

Step 08　调整花苞形发髻上的发丝，尽可能使碎发成缕存在，而不是单根独立存在，这样才不会显得过分凌乱。

Step 09　将后发区剩余的自然垂落的头发做进一步调整，喷发胶定型，使发型更具灵动感和空气感，结束操作。

时尚马尾发型

笔者所理解的时尚，是简单的、富有质感的、平和内敛的且能被大众所接受的，而最能表达时尚感的元素莫过于马尾了。纵观近百年来T台走秀的造型不难发现，马尾发型经常出现在T台造型中，有的婉约优美，有的个性帅气。走下T台，马尾发型也是美妆造型的重要组成部分。

⇨ 造型要点

马尾发型操作时需要注意的方面有很多。首先，要确定马尾的高度。在生活类美妆造型中，笔者并没有太追求个性或想要标新立异，因此在造型中高马尾运用得较少，而中低马尾因呈现方式多一些而用得较多。其次，马尾纹理及松紧程度不同，往往会给人不同的印象。如果想要体现造型的气场感和帅气感，会将马尾塑造得紧致一些，且纹理表现也更偏向于直线条。如果想要体现造型的婉约感和优美感，会将马尾塑造得松散一些，高度也可以适当降低，且纹理线条也会相对富有曲线感和柔美感。当然，还有许多其他的情况，在这里就不一一阐述了。

教程示范 1

Step 01　用28号卷发棒将刘海儿部分的发丝往需要的方向烫卷。本发型的刘海儿方向为平卷向前，发尾向后。

Step 02　将前发区的头发做中分处理，然后用尖尾梳调整刘海儿，使刘海儿具有空气感和纹理感。

Step 03　将两侧发区的头发做内翻卷处理，边卷边放，以增强头发的纹理感。后发区的头发可以采用一左一右混合式烫卷方式进行处理。

Step 04　在后发区颅骨不够饱满处横向取发片并进行倒梳处理，使发型轮廓更饱满。

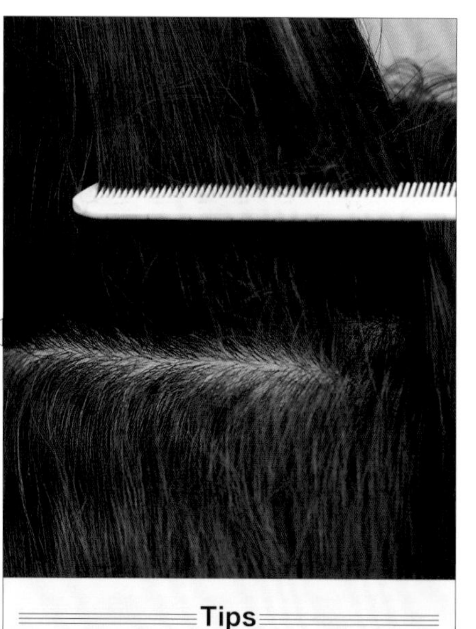

Tips

在对头发进行倒梳处理时，注意保持倒梳均匀，且倒梳后确保发片表面干净整洁。

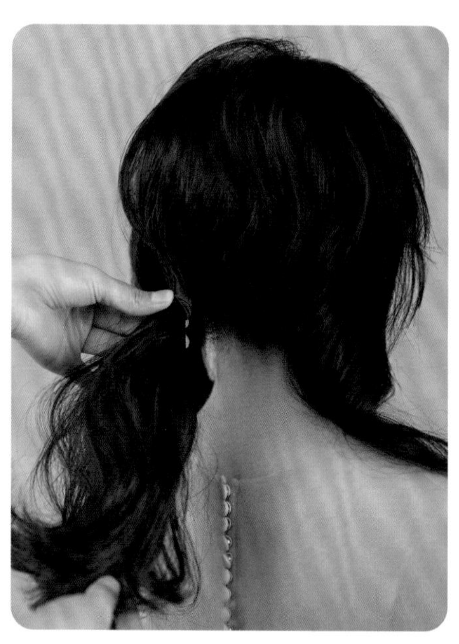

Step 05　用马尾绳将后发区的头发扎成一条低马尾，马尾的结点与后发际线平行，与颈部有一拳左右的距离。

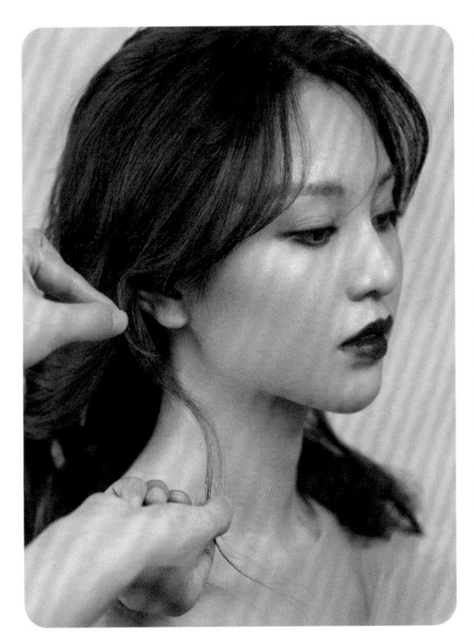

Step 06　观察发丝的走向，然后选择刘海儿区及侧发区的部分发丝进行适当调整，增强发型的随意感。

Step 07　将前发区左侧的头发向后梳理。为保证纹理自然，在梳理头发时可用手指代替梳子来进行。

Step 08　前发区右侧的头发采用与左侧相同的手法处理。对梳理好的头发做两股拧转处理并抽出适量发丝。

Step 09　将前发区两侧拧转好的头发收拢于后发区马尾结点处，将左侧的头发向右缠绕一圈，右侧的头发向左缠绕一圈，分别用U形卡固定。

Step 10　佩戴发饰，结束操作。

· 完成 ·

The End

教程示范 2

Step 01　将头发适当烫卷。将顶区的头发暂时固定，然后将剩余的头发扎成一条紧致的高马尾。

Step 02　用尖尾梳调整两侧鬓角处的发丝，使马尾显得更为紧致、有气势。

Step 03　从顶区预留出的头发中横向取发片并倒梳，使其更蓬松。

Step 04　用尖尾梳将顶区头发的表面梳理平整，并形成自然的S形纹理。然后收整碎发，喷发胶定型。

Step 05　为了使顶区的头发更具立体感，可用发胶瓶在顶区中段按压。

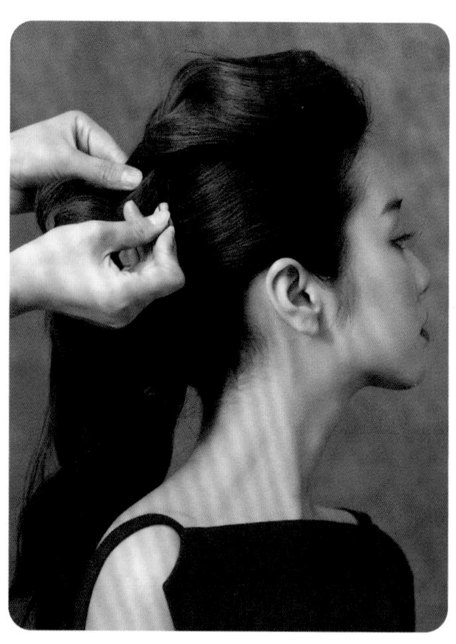

Step 06　将顶区的头发向后梳理，在马尾上方做拧转，用U形卡固定。

Step 07　将发尾部分在马尾上方做卷筒处理，与高马尾衔接固定，使卷筒与高马尾连成一体。

Tips

在做卷筒时，注意确保发束干净、通顺，如此做出来的卷筒才会干净，并且呈现出较好的光泽感。

Step 08　调整部分发丝，喷发胶定型，使马尾造型更具轮廓感和空气感。

Step 09　从侧面观察整体发型，保证无明显死角，结束操作。

· 完成 ·

The End

教程示范 3

Step 01　将头发整体梳理通顺，然后将前发区的头发进行三七分处理，接着用28号卷发棒沿下颌骨将右侧头发向后做烫卷处理。

Tips

烫发时每次所取的发量不宜过少，且可以选择性地烫卷，保持头发纹理的自然感。

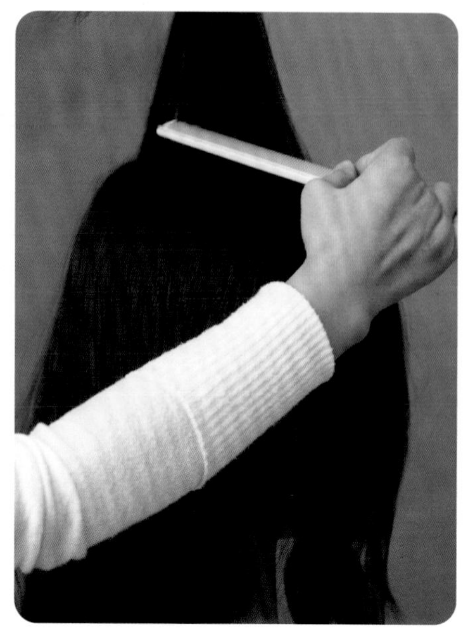

Step 02　将后发区顶部的头发进行倒梳处理，增强发型的轮廓感。然后将倒梳的头发表面梳理干净。

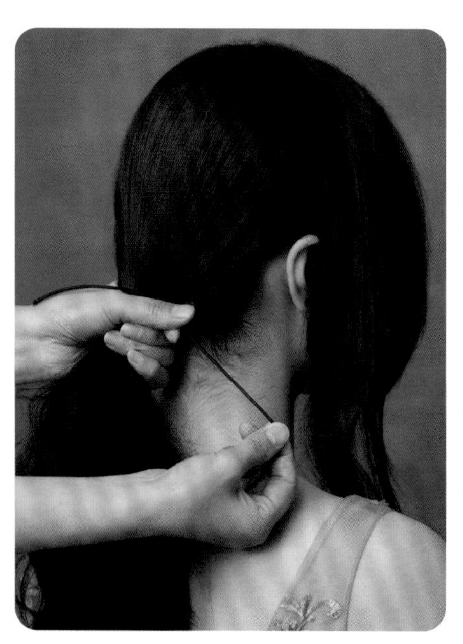

Step 03　用马尾绳将后发区的头发扎成一条低马尾。

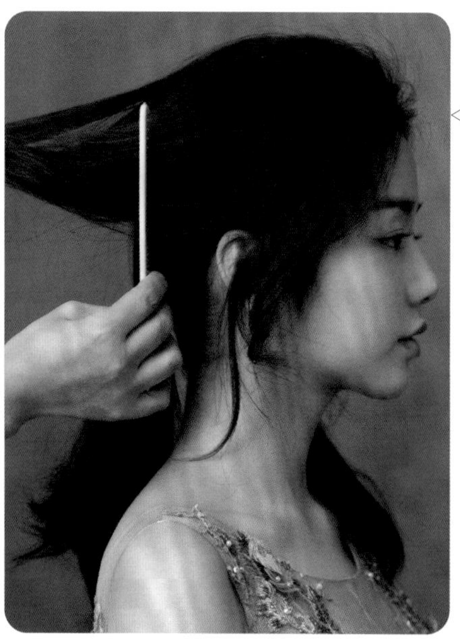

Step 04　将前发区右侧的刘海儿留出，将其余的头发向后进行梳理。

Tips

在预留刘海儿时，注意发量要合适，不可过多也不可过少，自然感的表现最重要。

Step 05　将梳理好的头发在发尾处拧转并与低马尾固定在一起。调整预留出的刘海儿，使耳侧的发尾具有空气感，增强发型的随意性。

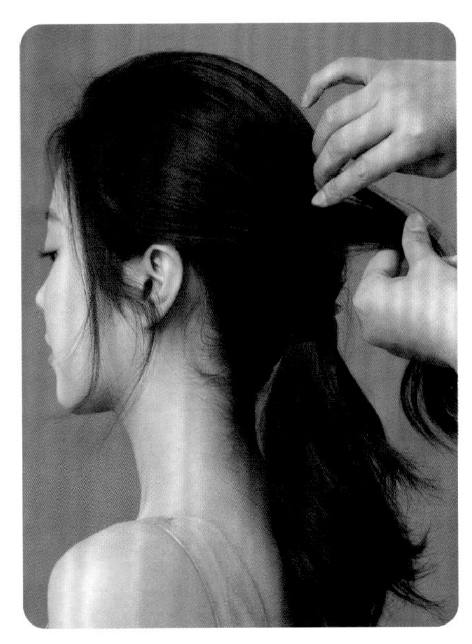

Step 06　用手指代替梳子对前发区左侧的头发进行梳理，注意发丝的弧度呈现。

Step 07　将梳理好的头发的发尾拧转后与低马尾衔接在一起，用U形卡固定。观察纹理并适当进行调整。

Step 08　从低马尾中挑选带有弧度的发丝并横向拉出，使发型的纹理感更明显，喷发胶定型，结束操作。

Tips

注意，往一边拉取发丝时，要用发胶定型，但发胶不可过多，以免出现粘黏感。

· 完成 ·

The End

第 2 章

温婉韩式造型

清新优雅中透着俏皮可爱，素雅浪漫中演绎着纯爱童话，哪个女孩子能抵挡得了唯美的韩式风情呢？每个女孩心里都有一个韩剧高糖女主梦，我们可以通过一双巧手把梦变成现实。

2.1 概述

在彩妆行业发展初期，欧洲的彩妆造型标准被大多数人认可。但人种的差异性使大多数欧美妆容并不能广泛适用于国内人群。随着近年来国内彩妆事业的蓬勃发展，国人对于美的认知和追求有了进一步提高，开始关注韩式妆容。尤其是在新娘造型行业中，韩式妆发塑造出的温婉、素雅、安静气质受到众多新娘的青睐。高级却不显气势感的优雅，同时又带一点可爱，是发型塑造的方向。妆容方面，底妆是韩式妆容的关键，而发型一般会以干净的、有纹理感的发型为主。关于服装的选择，韩式新娘造型一般不会选择太性感的服装，而以素雅、干净的服装为主，也可以搭配一些珍珠、蕾丝等饰品。

妆容教程示范

韩式妆容一直深受亚洲女性青睐。在婚礼当天，无论是出门、迎宾，还是举行仪式时，许多新娘都会选择此款妆容。韩式妆容优雅而婉约，清纯，不显成熟。把握韩式妆容所独有的塑造方法，配合韩式发型及素雅的婚纱礼服，是韩式风格得以呈现的关键。

使用妆品

01 NARS 瞬间补水保湿免洗面膜
02 MAKE UP FOR EVER 复活焕彩粉底液（Y218）
03 MAKE UP FOR EVER 定妆喷雾
04 Shu Uemura 砍刀眉笔（01#）
05 M.A.C 限量 ELECTRIC 粉色大理石腮红高光盘
06 BOBBI BROWN 眼线膏（黑色）
07 Shu Uemura 如胶似漆眼线笔（黑色）
08 URBAN DECAY 液体眼影（#Throbbing 小亮片）
09 HOMA 星级定制款睫毛（中部偏长款）
10 NARS 高光（Albatross#）
11 DIOR 蓝星定制腮红（601#）
12 Kiehl's 润唇膏（01#）
13 3CE 亚光柔雾唇釉（Know Better#）
14 ARMANI 丝绒唇釉（504#）

操作要点

韩式妆容的打造关键在于对底妆的处理。对眼影和上下眼线的刻画是韩式眼妆的一大特色，上下眼线画完后，眼线与眼影之间会产生晕染效果，这是非常关键的一步。

操作过程

Step 01　敷一层补水保湿免洗面膜，做好妆前护肤工作。将复活焕彩粉底液点涂在面部内轮廓后涂抹均匀。为了最大限度地表现皮肤本身的质感，选用定妆喷雾定妆。

Step 02　用砍刀眉笔根据眉毛本身的生长方向对整体眉形进行增补式描画。

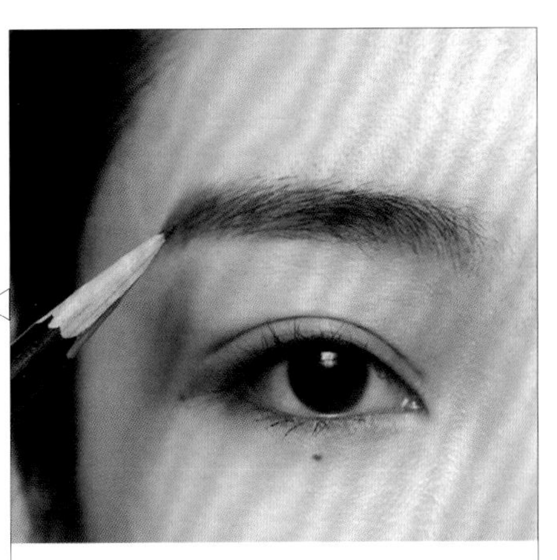

Tips

眉毛无须描画得过浓，达到自然的纹理效果即可。

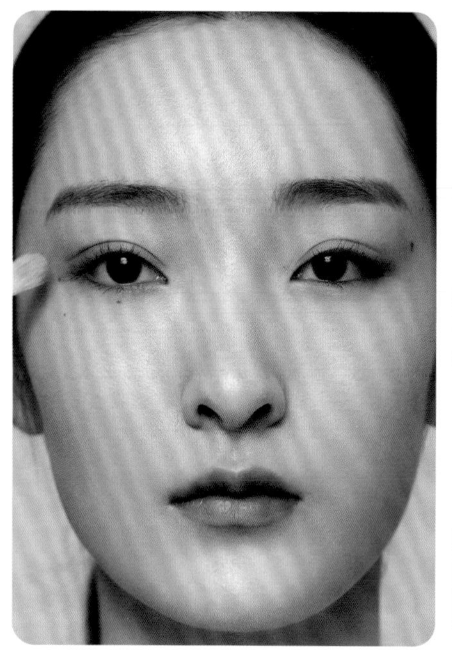

Step 03　选择M.A.C限量ELECTRIC粉色大理石腮红高光盘中的浅色系腮红代替眼影晕染上眼睑，并将靠近睫毛根部处的颜色加重。

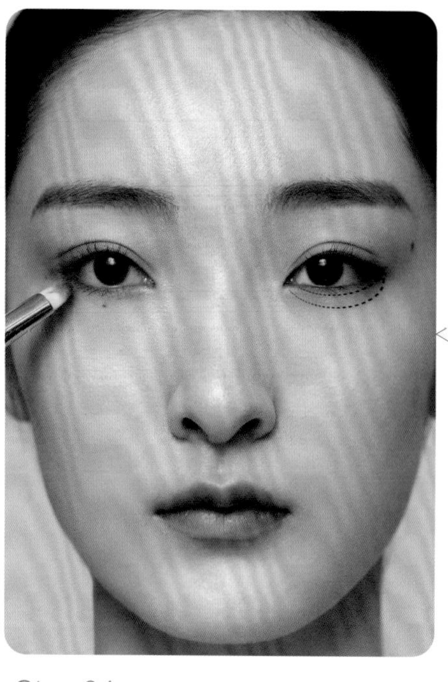

Step 04　用M.A.C限量ELECTRIC粉色大理石腮红高光盘中的浅色系腮红代替眼影，用刷毛较为密实的眼影刷蘸取后晕染下眼睑。

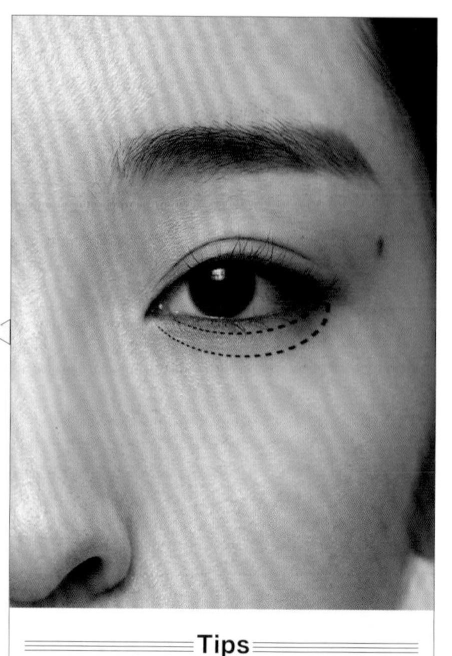

Tips

晕染眼影时，注意颜色要自然，无明显的边缘线，这样才能真正体现出韩式妆容的特点。

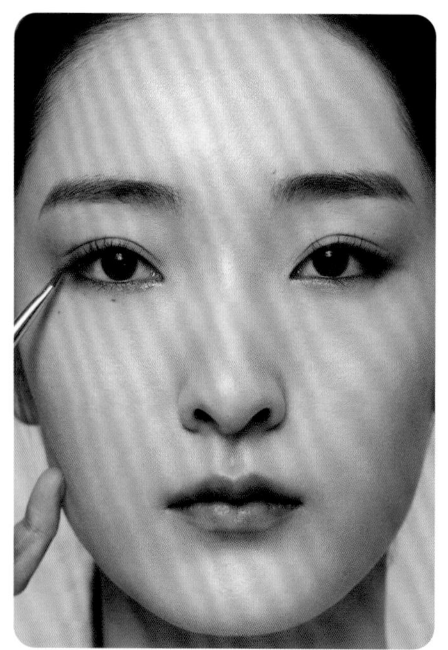

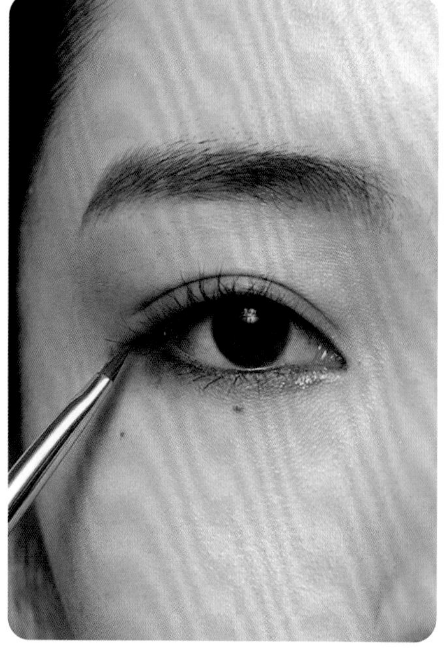

Step 05　眼线是韩式妆容刻画的重点。用BOBBI BROWN眼线膏配合Shu Uemura如胶似漆眼线笔描画上眼睑内眼线并将眼尾略向下延长。下眼线采用全包方式描画，眼头部分用URBAN DECAY液体眼影点缀晕染。

Step 06　根据模特的眼部特点选择较为扁平的睫毛夹，将睫毛夹至自然卷翘的状态。

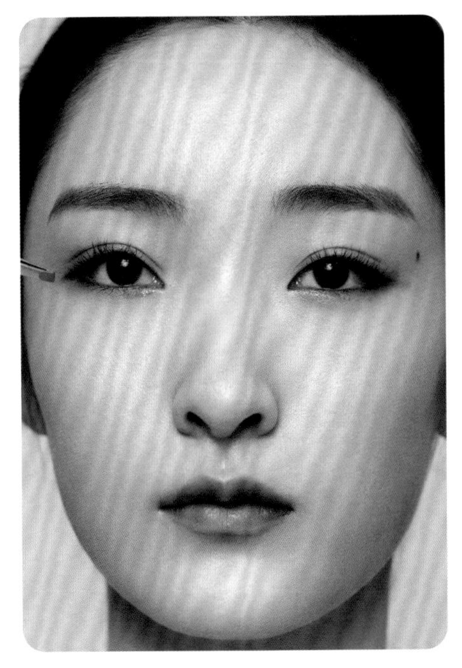

Step 07　选择HOMA星级定制款睫毛，以单根种植的方式在睫毛空隙处进行增补。

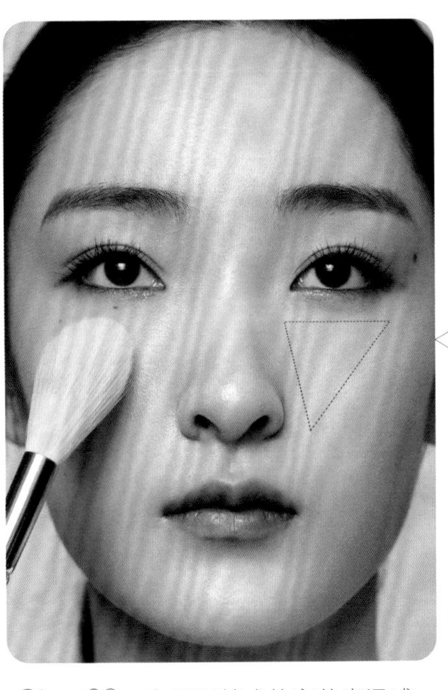

Step 08　为呈现韩式妆容的光泽感，用松散的火苗状高光刷蘸取适量NARS高光，轻扫面部内轮廓。

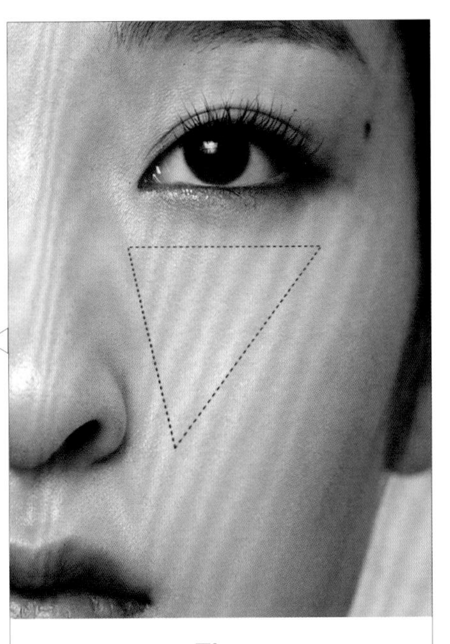

Tips

使用高光产品的目的是呈现出自然的光泽感。高光产品不可用得过多，且要注意使用范围。

Step 09　用高光刷蘸取少量DIOR蓝星定制腮红，均匀地涂抹至内外轮廓交接处，注意要显得自然。

Tips

涂刷腮红时，注意颜色不可过深，以呈现出自然的效果。

Step 10　用Kiehl's润唇膏打底，然后将偏冷调的3CE亚光柔雾唇釉与ARMANI丝绒唇釉混合后涂抹唇部。

发型教程示范

韩式纹理盘发发型

为了突出韩式造型的婉约特点，多采用盘发发型。不过，在盘发设计过程中，尤其是在婚礼盘发造型设计中，如果盘发设计得不合适，往往会带给人一种过于成熟的印象。因此，韩式盘发往往会在纹理的塑造上做出改良，从而减弱成熟感并突出婉约感。

⇨ 造型要点

韩式发型纹理的塑造对于卷发的要求很高。头发烫卷后形成的纹理流畅，纹理之间的间距相对大一些会更美观。可根据预期的纹理效果来选择卷发棒。注意，做竖卷时要采取边卷边放的方式。为了增强发型的纹理感，也可以加入一些水波纹卷等。

⇨ 操作过程

Step 01　用22号卷发棒将头发全部烫卷，卷发时一定要边卷边放，以拉大头发纹理之间的距离。

Step 02　以左右两侧耳尖的连接线为基准，将头发分为前后两个发区。将后发区的头发进行初步梳理后，在黄金点处绾成高发髻并固定。

Step 03　用手指代替梳子将前发区右侧的头发向后梳理并从中段开始进行两股拧转处理。一边拧转一边观察头发的纹理，将上段的头发抽松。

Step 04　将前发区右侧拧转好的头发缠绕在高发髻上并固定。为突出头发纹理的立体感，将上段的头发分成缕并用铝制定位夹进行固定，注意固定时定位夹需保持直立。

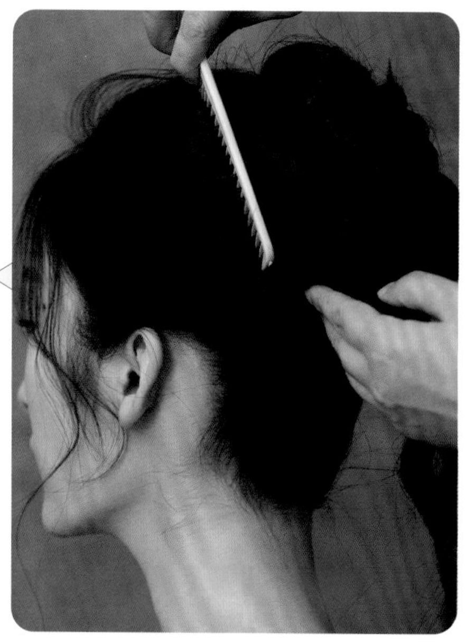

Step 05　针对前发区左侧发量较少的头发，可先用宽齿梳向后梳理并使上半段头发形成一定的纹理感。之后观察纹理，找到想要固定纹理的位置。

Step 06　用铝制定位夹按照纹理的走向将头发夹出层次感。

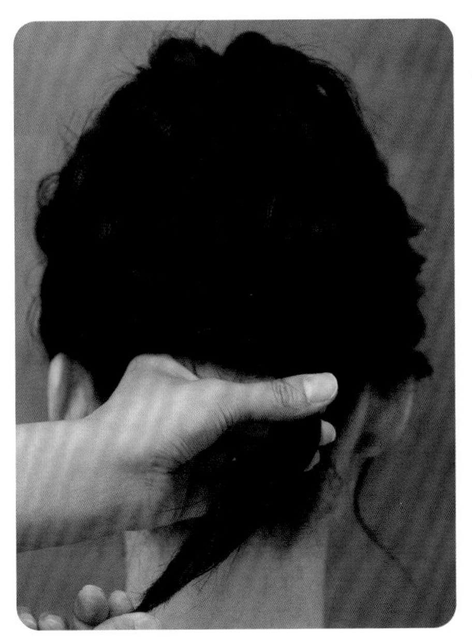

Step 07　将前发区左侧剩余的头发进行拧转处理。

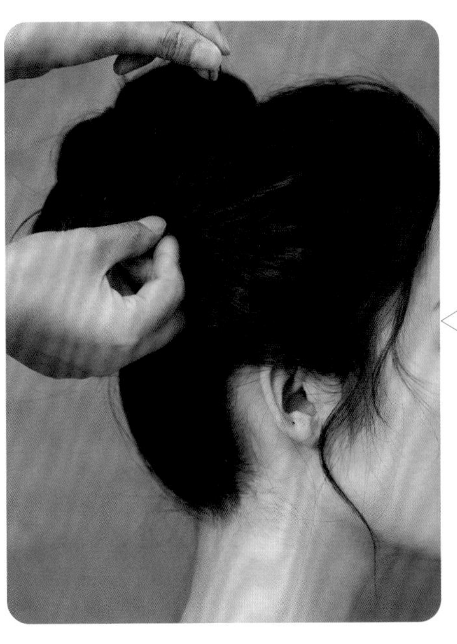

Step 08　将拧转好的头发缠绕在高发髻上并固定。将前发区的定位夹取下，并用U形卡替代定位夹进行固定。

Tips

在用U形卡替代定位夹对头发进行固定时，注意要在不影响原本的发丝纹理效果的同时隐藏U形卡。

Step 09　用22号卷发棒将额角的头发朝面部方向进行微微烫卷，以起到修饰脸形的作用。

Step 10　佩戴发饰，结束操作。

· 完成 ·

The End

韩式气质马尾发型

马尾发型在韩式造型中占据着举足轻重的地位。虽然马尾发型看起来非常容易操作，但是一款完美的马尾发型对造型师的基本功要求很高。对发根的处理和纹理的呈现是马尾发型体现韩式风格的关键。

⇨ 造型要点

由于韩式气质马尾发型比较强调刘海儿区发根的蓬松程度（它决定了对脸形的修饰作用），因此造型师就需要先根据具体情况对模特的头发基底做一些处理。在这里，烫卷是使发根产生支撑力的极好方式。此外，造型师需牢牢掌握塑造韩式纹理的基本手法。

⇨ 操作过程

Step 01　将所有头发进行外翻竖卷处理，然后任意选取其中的部分头发做上下交替波纹卷处理。

Step 02　将前发区的头发三七分，然后在右侧顶区选取发片，轻轻拧转并向前推，加大顶区的高度。

Step 03　用铝制定位夹在拧转处固定，然后将前发区右侧的头发用手指向后梳理，使之形成纹理。

Step 04　根据纹理的走向，将头发分成缕并用铝制定位夹固定，使整体造型呈现出层次感和立体感。

Tips

在用铝制定位夹固定头发时，注意必须夹住底层的头发，这样才更牢固。

Step 05　前发区左侧的头发采用与右侧相同的手法处理，用手指向后梳理，使其呈现出层次感与纹理感。

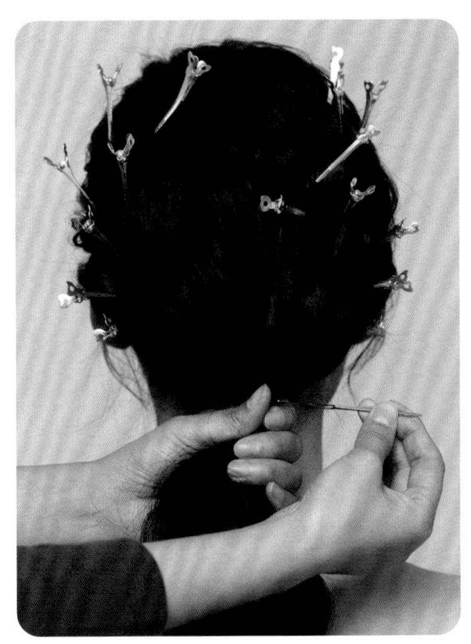

Step 06　将前发区左侧的头发根据纹理的走向分成缕，并用铝制定位夹固定。将所有的头发拢起并扎成一条低马尾。

Step 07　观察后发区的发型轮廓，可在发型不饱满处将头发适当抽松，并喷发胶定型，使发型轮廓看起来更饱满。

Tips

喷发胶时必须注意控制用量，避免喷过多而影响发型效果。

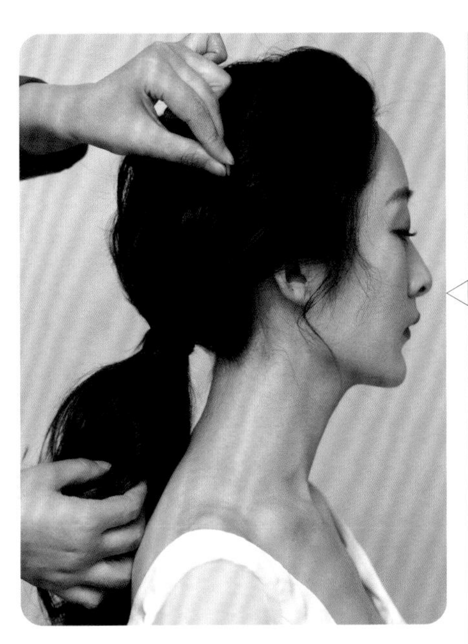

Step 08　将铝制定位夹取下，用U形卡代替铝制定位夹对头发再次进行固定。

Tips

韩式发型非常注重发丝纹理的呈现。注意取下铝制定位夹时，要观察纹理是否理想，应避免取下时带出过多的碎发。

Step 09　佩戴与韩式造型相协调的饰品，一般以白色、银色的素雅饰品为主，不可过于夸张，结束操作。

韩式紧致低髻发型

在韩式新娘摄影或韩式婚礼仪式中，我们会看到很多极为干净、紧致的发型。韩式发型配合韩式妆容，更能展示出新娘纯洁、素雅、温婉动人的气质。干净、紧致的发型多种多样，其所呈现的风格也有所不同。

⇨ 造型要点

我们要先厘清“紧致”与“紧贴”这两个不同的概念。韩式造型重视发根的支撑力，需要呈现出紧致而非紧贴的效果。换言之，就是发型轮廓必须呈现出一定的高度，而不能贴在头皮上。

⇨ 操作过程

Step 01　以左右耳尖连接线为界做前后分区。对后发区顶部的头发进行倒梳处理。

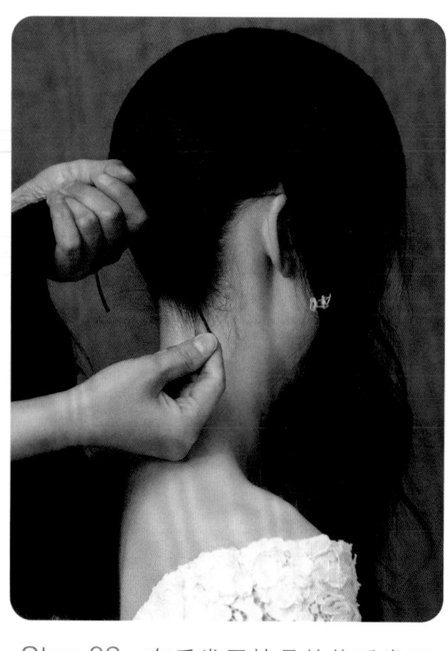

Step 02　在后发区枕骨处将后发区所有的头发扎成一条低马尾。注意马尾自然垂落，不宜过高或过低，且与颈部有一定的距离。

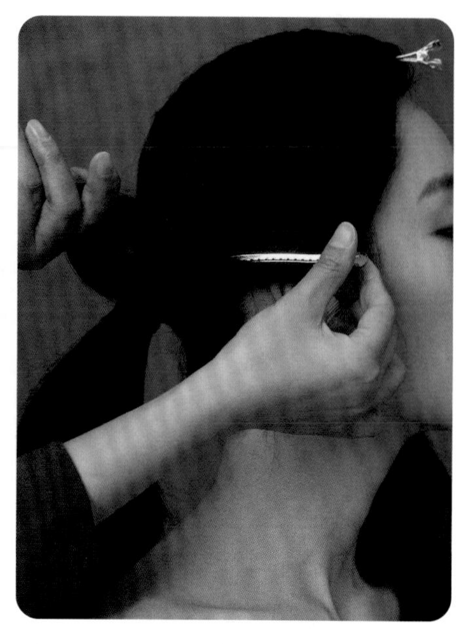

Step 03　将前发区的头发三七分。将右侧头发在顶部进行倒梳处理，表面梳理干净后用定位夹固定，使之呈现一定的高度。在耳尖处横向固定鸭嘴夹，再将发尾向外翻转。

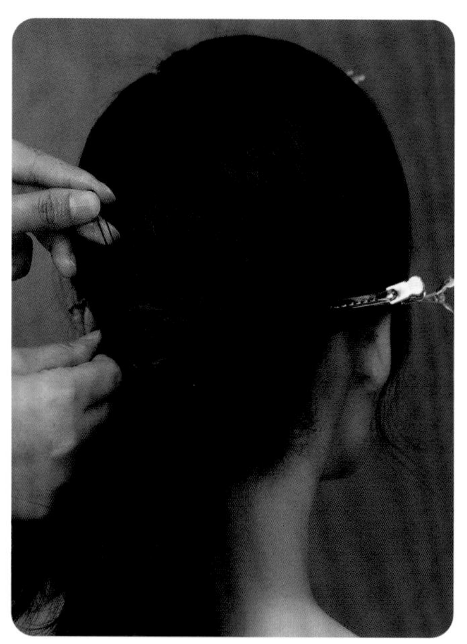

Step 04　发尾部分翻转后在马尾结点处缠绕，用U形卡固定。

Step 05　将前发区左侧的头发向后梳理，使上半段呈平整光滑的状态（注意遮挡额头发际线和前后区分缝线），然后将发尾在耳尖处翻转。

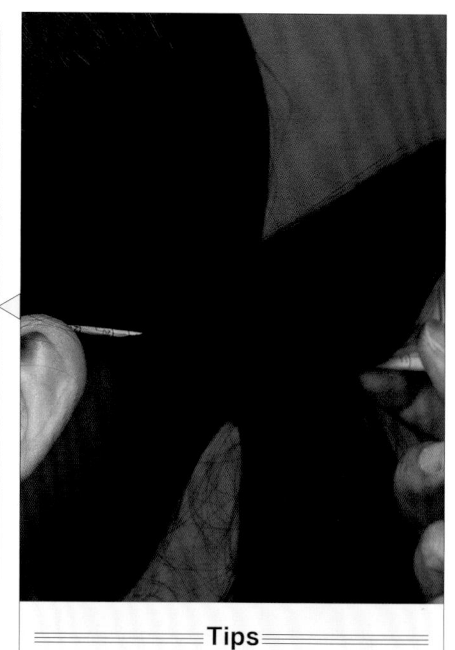

Tips

注意每翻转一次，就要检查一次发片表面是否平整、光滑。

Step 06　将前发区两侧头发的发尾与后发区的马尾扎在一起，注意马尾的高度与之前相同。

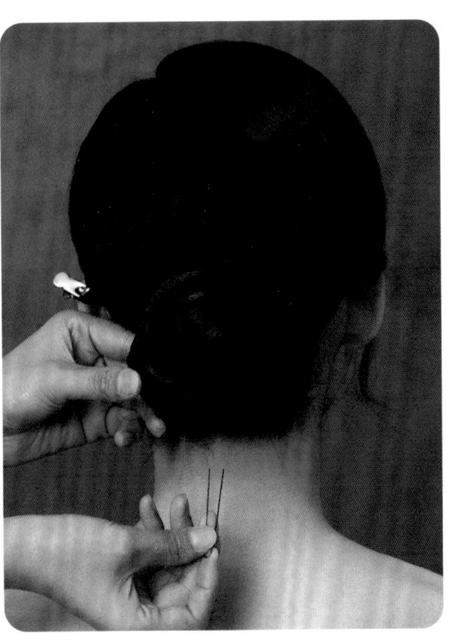

Step 07　将马尾绾成一个低发髻。这里可以先用发网将马尾收起，再做绾发髻处理，使发髻达到干净、紧致的状态。

Step 08　用19号卷发棒将左右两侧鬓角处预留出的发丝向后竖卷，注意不宜卷烫过度。

Step 09　佩戴金属质感的水钻皇冠，结束操作。

· 完成 ·

The End

韩式温雅波纹发型

韩式波纹有别于复古手推波纹，其主要强调波纹的起伏感，而非S形的曲线感。韩式波纹也会有大小的区别，这主要取决于卷发棒的大小。富有起伏感的韩式波纹会给人以唯美、典雅的印象。

⇨ 造型要点

韩式波纹往往呈现在前发区的两侧。在处理波纹时，只需要左右两侧各横向取一片或两片发片进行操作即可，不需要全头烫卷。卷发棒依据想要呈现的卷度进行选择。头发烫好后注意做冷却处理，以保证头发纹理的持久性。

⇨ 操作过程

Step 01　以左右耳后点的连线为基准将头发分为前后两个发区。将后发区的头发收拢，在黄金点处扎成一条干净的马尾。在马尾结点处固定住发网的一端，然后使发网罩住整条马尾。

Step 02　将被发网包裹的马尾在黄金点处绾成一个圆润、干净且饱满的发髻。

Step 03　将前发区的头发中分，然后横向分发片，并用25号卷发棒对头发做上下交替式波纹卷处理。

Step 04　为了使波纹够立体，每烫出一个波纹，抽出卷发棒后，让头发冷却5秒左右。

Step 05　按照卷烫后的波纹形态，在颧骨处用拇指与食指固定发片并配合梳子向前拉带制作手推波纹。

Step 06　将波纹固定，拇指与食指需贴近脸颊，微微向前推移的同时用梳子将剩余的头发向后调整。

Step 07　用定位夹将左右两侧塑造好的波纹固定好，然后均匀地喷发胶定型。

Step 08　将前发区左右两侧头发的发尾与发髻固定在一起，用U形卡固定，结束操作。

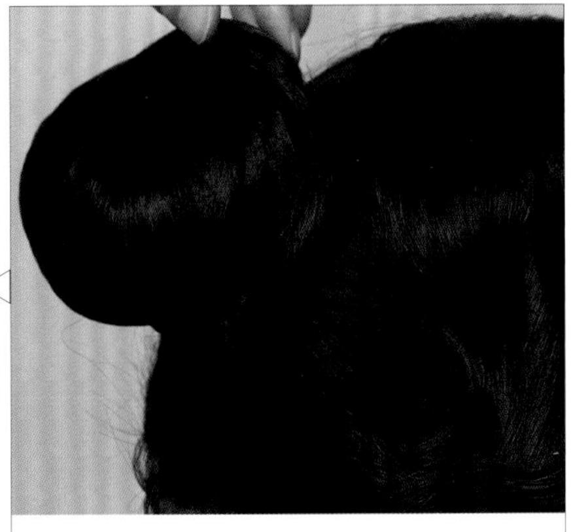

Tips

在固定头发时，注意要同时调整发髻与前区头发的贴合度，使其呈现出理想的效果。

Step 09　佩戴头纱发饰，结束操作。

第 3 章

减龄少女造型

人们都喜欢被赞美『年轻』，那么，我们就用一点点『小心机』，塑造自然灵动的『原生少女感』。

概述

柔美、年轻是减龄少女造型所要表现和突出的重点，同时也是很多新人对婚礼当日妆容的诉求。作为一名专业的化妆造型师，想要塑造出少女感造型，必须对少女所呈现出的日常状态有所把握。这种状态具体体现为健康饱满、富有光泽感的皮肤，柔美的眉形纹理、由内而外透出的红润肌肤质感、饱满柔和的唇部等。发型、服装、配饰多追求轻盈、灵动、清新、减龄，并形成统一的效果，涉及的元素包括鲜花、蕾丝、羽毛、轻纱等。综合考量以上元素，便能成功塑造出减龄少女造型。

妆容教程示范

少女感妆容的最大特点是可以产生减龄效果，会使人物的皮肤呈现出水润光泽质感。妆面能表达出温柔恬静而又年轻可爱的感觉。妆面细节到位的同时却不使妆容呈现出修饰过度的感觉。配色一般会以暖色调为主，颜色的饱和程度不需要很高，但是色彩搭配要和谐。面部立体感及层次感要以柔和的方式呈现。

使用妆品

01 M.A.C 晶亮润肤乳（redlite）
02 日本碧雅诗 KP Kesalan Patharan 双色眼部魔法遮瑕膏
03 SUQQU 晶采光艳粉霜（101#）
04 MAKE UP FOR EVER 清晰无痕蜜粉饼
05 Shu Uemura 砍刀眉笔（06#）
06 NARS 腮红（TAJ MAHAL）
07 TOM FORD 烈焰幻魅腮红（01#）
08 NARS 双色眼影（ST-PAUL-DE-VENCE）
09 NARS 双色眼影（Mediterane）
10 3CE 唇釉 (Simply Speaking)
11 HOMA 星级定制款睫毛（中部偏长款）

操作要点

塑造底妆时，注意保持皮肤轻薄、润泽、通透的质感。面部色彩要自然过渡，突出面部立体感的同时使妆面更显柔和。腮红是少女系妆容的点睛之笔，其颜色、位置、层次、晕染程度都十分重要。

操作过程

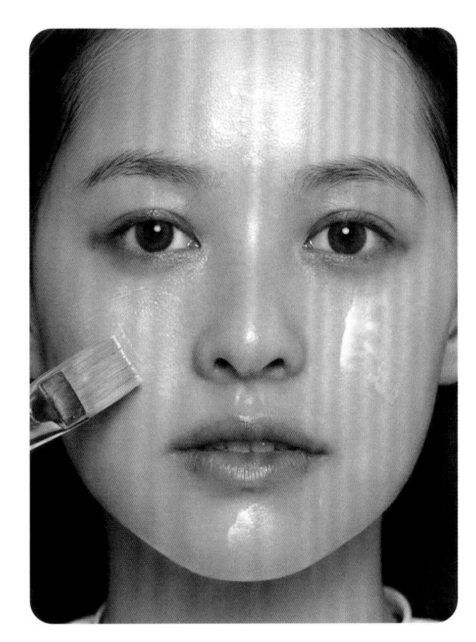

Step 01　做好妆前护肤，将M.A.C晶亮润肤乳均匀涂抹至面部内轮廓，以提升皮肤质感和面部立体感。

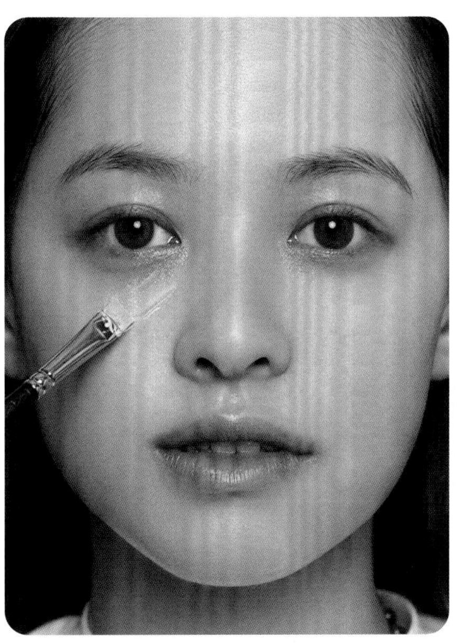

Step 02　调和明黄色和橙色的眼部魔法遮瑕膏，以少量多次的方式涂抹至黑眼圈部分，使肤色达到初步均匀、统一的效果。

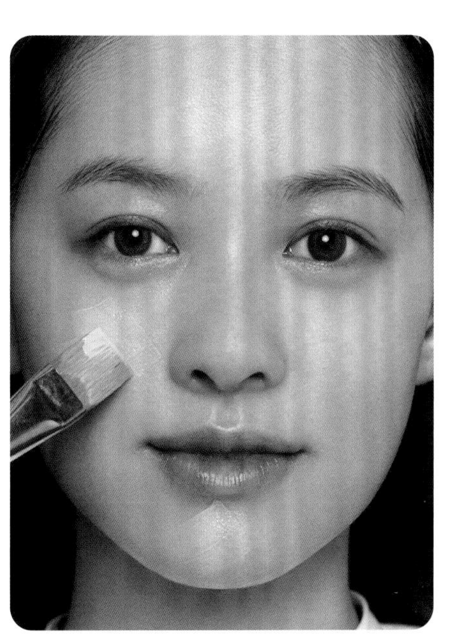

Step 03　用轻薄款粉底刷蘸取与肤色接近的SUQQU晶采光艳粉霜，少量多次地涂抹至脸上。

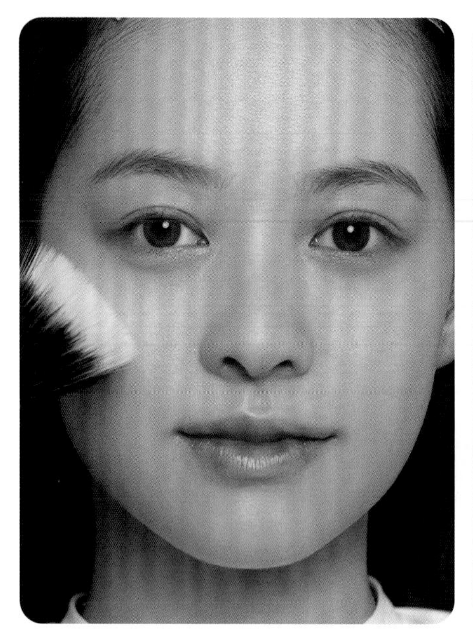

Step 04　用刷头较松散的散粉刷蘸取清晰无痕蜜粉饼，轻扫面部，定妆的同时让皮肤呈现出自然的质感。

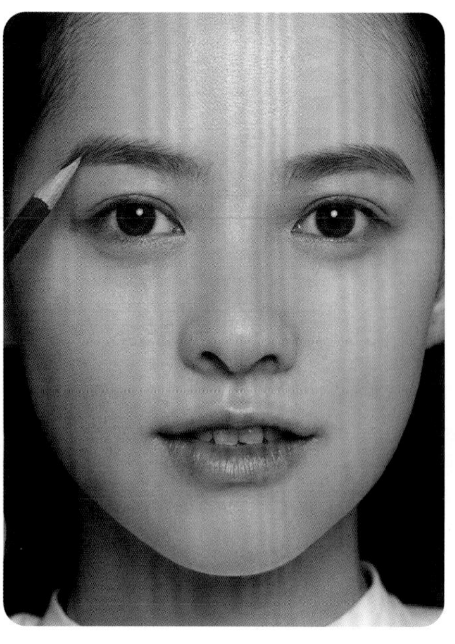

Step 05　用砍刀眉笔以排线的手法顺着眉毛的生长方向刻画眉形。刻画眉形时注意力度不宜过重，虚化眉形的边缘更有利于表现少女感。

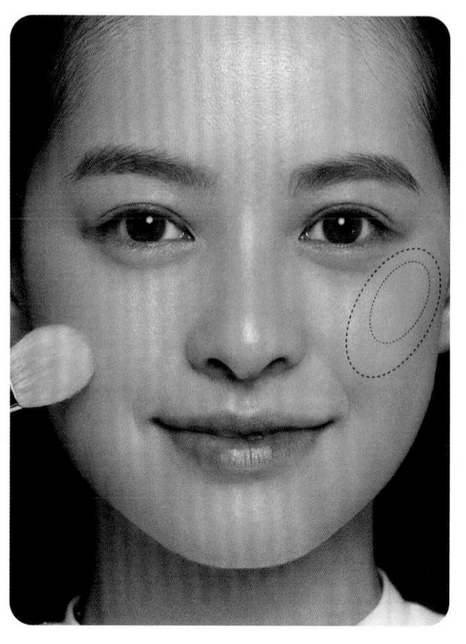

Step 06　将NARS腮红与TOM FORD烈焰幻魅腮红混合，涂抹在面部内外轮廓交界线与眼下三角区的接合处，由内向外晕染，同时与高光部分融合，给人以温柔、甜美的印象。

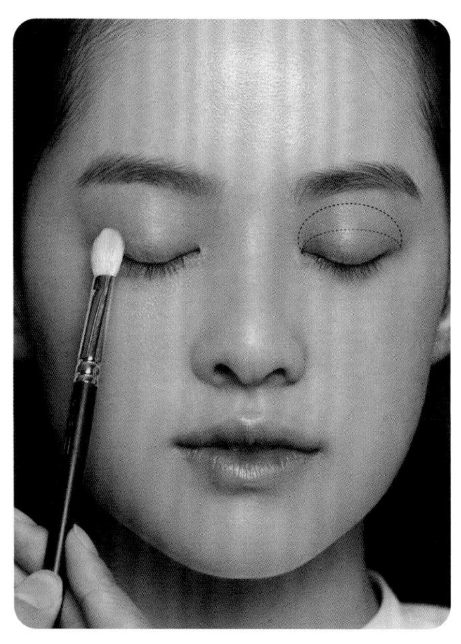

Step 07　将NARS 双色眼影系列的ST-PAUL-DE-VENCE与Mediterane混合后自睫毛根部往上平涂晕染，在虚化边缘的同时适当将眼影前移至眉头下方，以作鼻侧影。

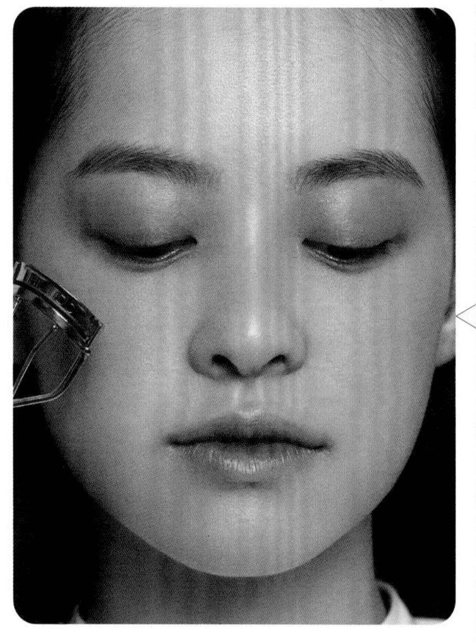

Step 08　用整体睫毛夹将睫毛分段夹至自然卷翘后，用局部睫毛夹将眼头和眼尾的睫毛弧度调整至统一状态。

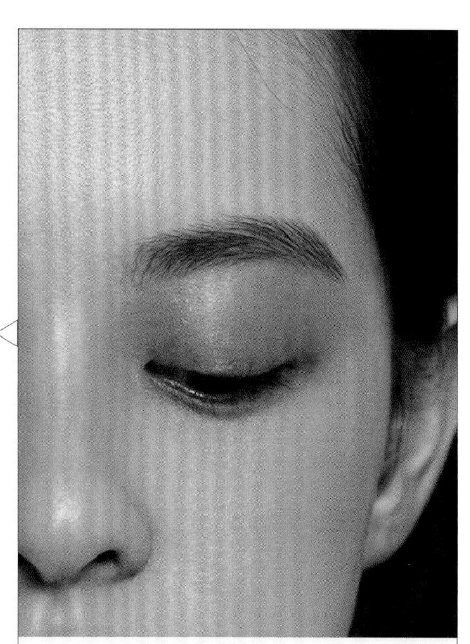

Tips

注意睫毛自然上扬效果的呈现尤为重要，不可过于卷翘。

Step 09　针对少女感妆容的唇部刻画，在唇部涂抹3CE唇釉，可以适当提高唇峰，然后用眼影刷虚化唇部边缘，保持着色均匀。可多次叠加3CE唇釉，使唇部色彩达到理想的饱和度。

Step 10　选择HOMA星级定制款睫毛，在上下睫毛的空隙处做增补处理，使真假睫毛自然融合，结束操作。

· 完成 ·

The End

3.3

发型教程示范

浪漫田园少女发型

浪漫田园少女发型整体想要呈现出少女纯真自然、不染世俗的美，与其搭配的服装和饰品应避免过于华丽，多考虑简单款的蕾丝和轻纱。饰品的佩戴应避免过于繁复，对空气感发丝的处理可以是局部少量的且不宜过于夸张。

⇨ 造型要点

采用混合卷的方式增强头发的纹理感。先塑造出发型的轮廓感，再调整部分发丝的细节。发丝呈现的多少可自由把控，但重点部位的发丝必须有所体现。饰品尽量以简洁的为主。

教程示范 1

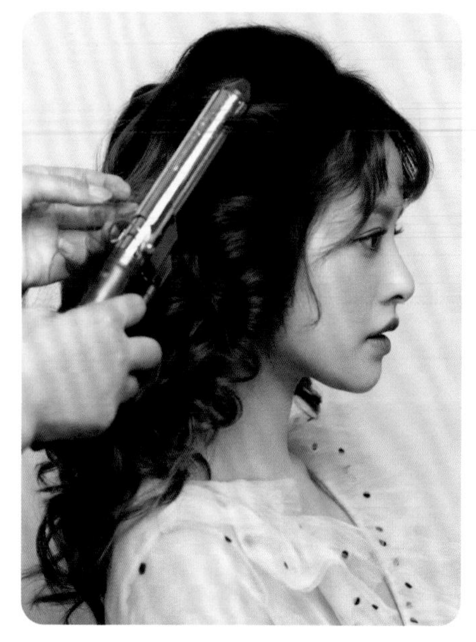

Step 01　用22号卷发棒将头发整体向后烫卷，留出刘海儿区的头发。

Step 02　将头发分为前后两个发区，将后发区的头发梳理通顺后向上收拢并拧转。

Step 03　将后发区的头发拧转成一个高发髻并固定。取高发髻前方前发区中的适量头发进行倒梳处理。然后让其包住高发髻并将表面处理干净，发尾在所形成的发包下方固定。

Step 04　用双手将前发区的所有头发集中向后梳理并覆盖发包，两侧的发丝可以向中间轻轻扣转，并用U形卡固定，喷发胶定型。

Step 05　调整顶区发丝的纹理，用指尖轻轻抽出部分发丝后用发胶定型。

Tips

在抽取发丝时，注意量要合适，不可过多也不可过少，且要做到正面可见。

Step 06　按照发流的走向，将覆盖发包头发的发尾两股拧转处理，然后沿发包后边缘缠起并固定。

Step 07　取较窄的三股辫发带在头部缠绕1~2圈，作为装饰。

Step 08　在右耳上方佩戴黑色自制蝴蝶结，以修饰发型。

Step 09　在左侧相应的位置佩戴黑色自制蝴蝶结，注意左右两侧蝴蝶结的位置不可过于对称。沿三股辫发带点缀佩戴珍珠U形卡，以增强发型的层次感。

Step 10　调整刘海儿区及鬓角处的发丝，将发丝适当抽松，有效增强发型的轻盈感和空气感，同时起到修饰脸形的作用，结束操作。

· 完成 ·

The End

教程示范 2

Step 01　在外翻卷的基础上，随意取出部分发丝进行内扣卷处理，以增加头发纹理和层次。

Step 02　将头发分为前后两个发区，将后发区的头发拧转收紧后用U形卡固定。固定时注意从侧面观察头发固定的高度，保证后发区轮廓足够饱满。

Step 03　调整后发区发尾部分的发丝，使其产生纹理效果，用U形卡固定，形成一个小发髻。

Step 04　进一步调整后发区的头发，使后发区轮廓饱满且发丝纹理清晰。

Step 05　用双手向后梳理前发区的头发，使其均匀覆盖于后发区小发髻的表面。然后调整部分发丝的纹理。

Step 06　将发尾收拢并拧转。

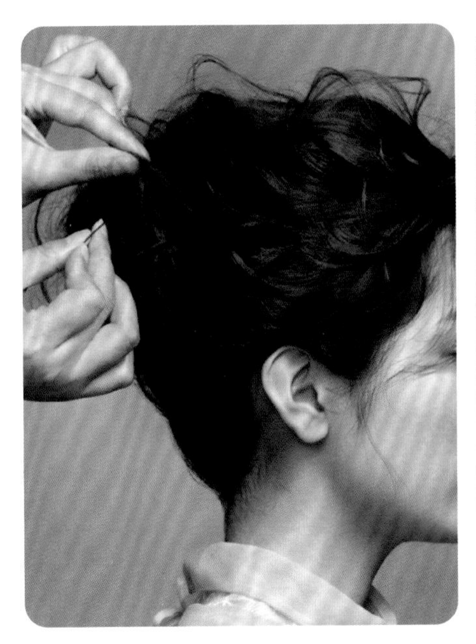

Step 07　将拧转好的发尾盘起并固定。全方位观察发型并调整其轮廓。针对轮廓不饱满处用发丝将其补充完整。

Step 08　将额角及脸颊处留出的部分发丝加以整理，使其呈现在面部轮廓内。这是此款造型凸显空灵感和少女感的关键。

Tips

发丝的整体体现是该发型的重点。在抽取发丝时，要随时观察发型的整体情况，使发型松散而不凌乱。

Step 09　将简洁的白色发箍佩戴在头上。佩戴时需尽量避免破坏发丝的空气感，戴上发箍后要适当调整发丝，结束操作。

· 完成 ·

The End

教程示范 3

Step 01　用32号卷发棒将头发整体竖卷。取前发区的部分发丝，用25号卷发棒向前或向后做卷。靠近面部的发丝向前卷烫，有利于修饰脸形。

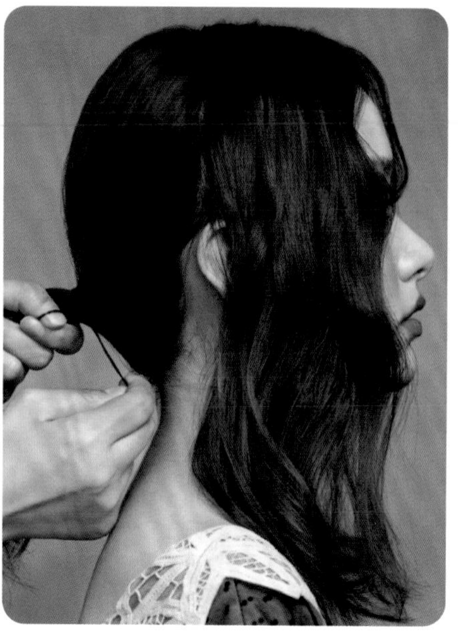

Step 02　将后发区的头发收紧并扎成一条低马尾，注意后发区整体的饱满度要合适。

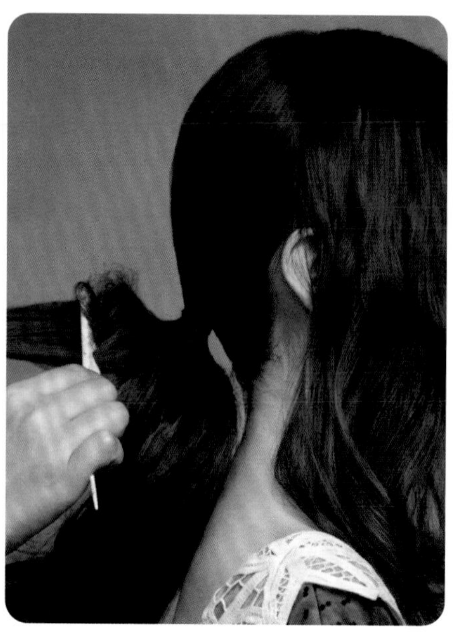

Step 03　将低马尾分成3~4片，分片倒梳，使发丝连接成片，以增强立体感。

Step 04　将倒梳后低马尾最外层的发丝梳理干净并向上做成卷筒，用U形卡配合钢夹固定卷筒。

Step 05　左手向上轻轻托住固定好的卷筒，右手将卷筒轻轻捻开，遮挡缝隙的同时，使卷筒形成一个饱满的发包。

Tips

在这里，侧发区的头发与后区的发包的衔接非常关键，要做到十分自然，且浑然一体才行。

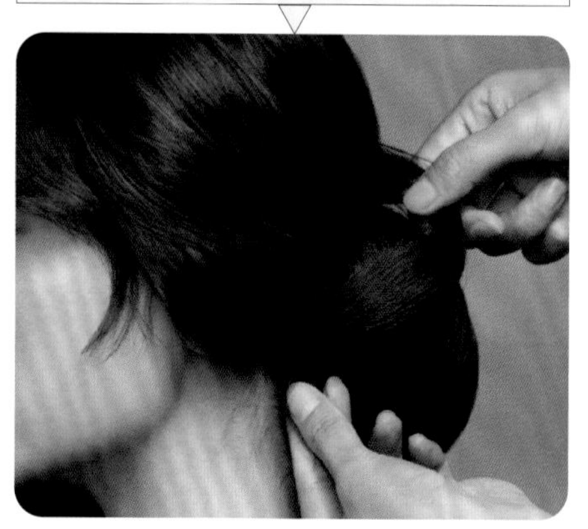

Step 06　将前发区左侧的头发整体向后梳理（注意对发际线的修饰），然后将发尾与发包固定在一起。

Step 07　将前发区右侧的头发整体向斜后方梳理，并在右耳下方向下轻拉边缘处的发丝，遮挡发型分缝线的同时，起到修饰脸形的作用。

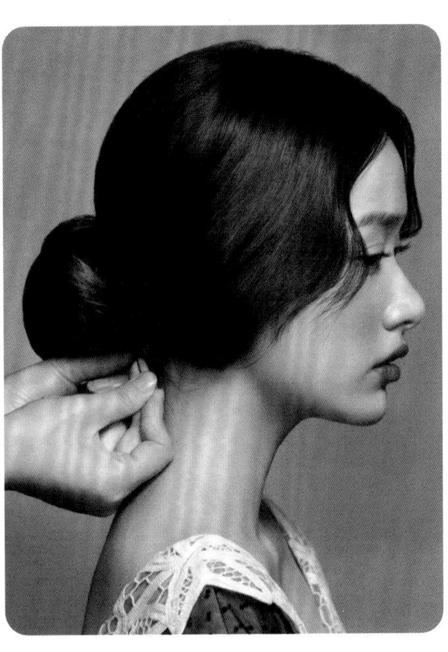

Step 08　将前发区右侧头发的发尾拧转后用钢夹或U形卡与后发区的发包固定在一起。

Step 09　将带状的简约小珍珠链横向佩戴于额前，表现出略带复古感的少女气息。

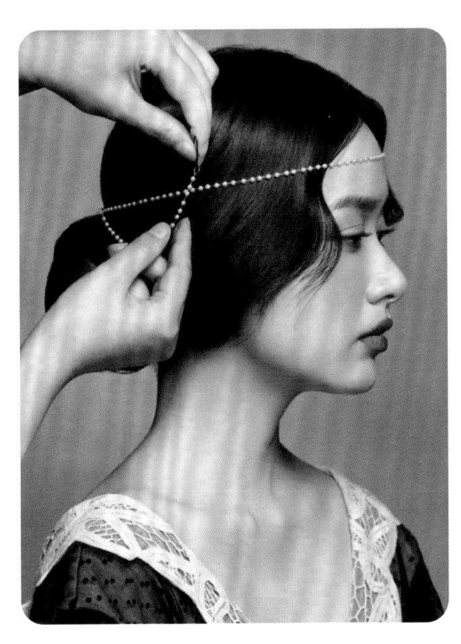

Step 10　调整所佩戴的饰品，结束操作。

· 完成 ·

The End

梦幻甜美少女发型

美好的梦境给人的感觉往往是朦胧的、神秘的、轻盈的、灵动的，且让人难忘的。如果梦中的甜美少女走进现实，我想她一定是身着若隐若现的轻纱，带着初入凡尘的懵懂和稚嫩，柔美的发丝中装点着清新雅致的饰物，伴着晨曦鸟鸣或是暮霭微风徐徐而来。

⇨ 造型要点

为使整体发型达到轻盈且富有纹理的效果，采用混合竖卷的方式对头发进行烫卷。前发际线处的发丝向前烫卷，以修饰脸形。较多的发丝呈现可使整体造型显得更为灵动、自然，发丝的衔接是使轮廓饱满的关键。饰品的选择上多以轻盈的手工类饰品为主。

教程示范 1

Step 01　将头发分为前后两个发区，然后取后发区所有头发，在黄金点处扎成一条高马尾。

Step 02　从马尾中横向取发片，进行倒梳处理，注意倒梳的程度不宜过于夸张。倒梳完成后，将马尾表面梳理干净。

Tips

这一步头发固定得是否牢固是后续发型成型的关键。固定时注意，U形卡要贴紧底层头发进行固定，避免松动。

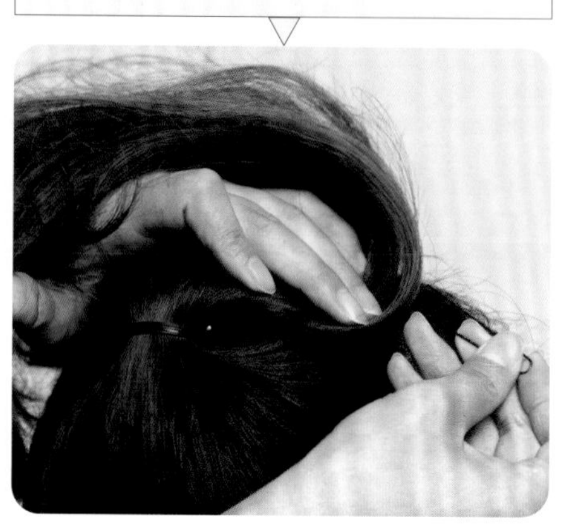

Step 03　将马尾向上翻起，轻压至顶区，然后沿前后发区分界线用U形卡整排固定。

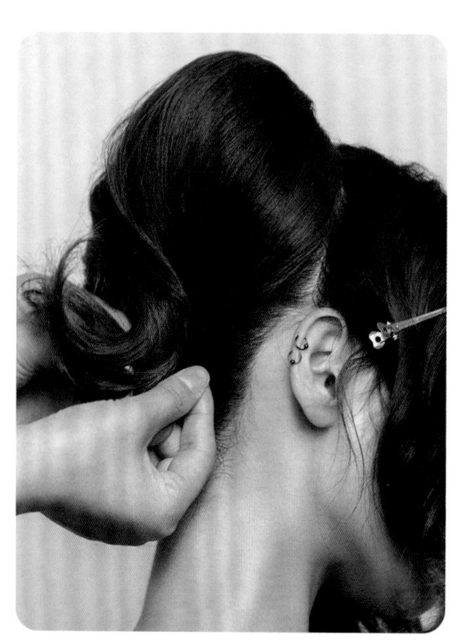

Step 04　将马尾发尾的表面梳理干净，将尾端头发拧转后固定，形成一个发包。

Step 05　避开刘海儿区的头发，将前发区的头发三七分，然后在头发较多的一侧编三股加二辫，增加发型表面的纹理。

Step 06　尽可能将编好的三股加二辫抽松，形成较大且松散纹理的发辫。同时要注意发型轮廓，用U形卡固定，并喷发胶定型。

Step 07　前发区左侧的头发采用同样的手法处理，以增强发型纹理的错落感，同时注意发丝的提拉角度要合适。

Step 08　在发包右侧佩戴鲜花。

Step 09　调整发尾的发丝，自然上扬且具有形式感的发丝，会使整体发型更显甜美和俏皮。在右侧鬓角处佩戴鲜花。

Step 10　正面观察发型，在发型分缝线处佩戴鲜花，鲜花的大小应与其他鲜花的大小有所区分，避免过于刻板。

· 完成 ·

The End

教程示范 2

Step 01　进行基础的发型打底，用25号卷发棒将头发整体外翻烫卷，并沿烫卷方向整理发丝的纹理。

Step 02　取顶部刘海儿区发丝稍作梳理，然后整体进行较为松散的两股拧转处理，适当调整发丝纹理后在顶部刘海儿区盘绕固定。

Step 03　隐藏发尾，贴紧顶区发丝固定。

Step 04　取右侧鬓角处的头发一边进行松散的两股拧转，一边往上提拉至合适的高度。

Step 05　将右侧鬓角处拧转好的头发盘成小发髻并固定好。将后发区的头发整体大致分为均匀的3份。取中间的头发，将其分为上下两个部分后，向上提拉至合适的高度并进行两股拧转。

Tips

在对头发进行两股拧转处理时，注意保持发束顺滑、干净，且一边拧转一边调整松紧度。

Step 06　将拧转好的头发向上提拉至顶区，梳平后发区头发的表面。

Step 07　将拧转好的头发盘起，使之与顶区的头发衔接并固定。

Step 08　取左侧鬓角处的头发，将其编成三股辫。

Step 09　将三股辫向上提拉并固定。佩戴饰品，完善发型轮廓。然后调整发丝纹理，使发型更加灵动，结束操作。

· 完成 ·

The End

教程示范 3

Step 01　取两侧发区的头发，用22号卷发棒烫卷。将后发区的头发烫卷，注意后发区卷的方向与两侧发区卷的方向一致。

Step 02　将后发区的头发分成3个部分，取左侧部分进行两股拧转，盘起并向上轻推，留出发尾并固定。

Tips

向上推头发时，注意不可过度操作，适当轻推后使后脑勺呈现出自然饱满的弧度即可。

Step 03　将后发区中间部分的头发两股拧转后盘起并向上推，留出发尾部分并固定。

Step 04　将后发区右侧的头发进行两股拧转并向后提拉，留出发尾。

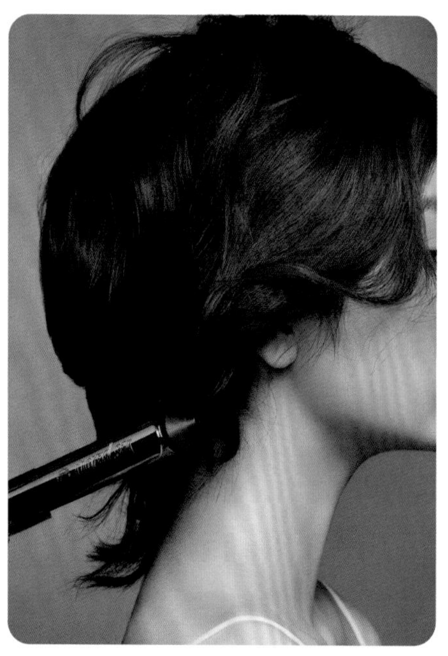

Step 05　用22号卷发棒将留出的发尾重新烫卷，使发尾的卷度更加明显且正面可见。

Step 06　调整鬓角处的发丝，使发丝的纹理更加明显，以起到修饰脸形的作用。

Step 07　调整发丝，使发型轮廓更加饱满，并增强发型的灵动性。

Step 08　佩戴饰品。佩戴饰品时注意切不可破坏整理好的发丝纹理，以免影响发型的整体感觉。

Step 09　进一步调整额头处和鬓角的发丝，这是修饰脸形和体现少女感的关键。

· 完成 ·

The End

柔美“仙”花少女发型

女生关注美，并且对鲜花也很钟爱。形态、颜色、大小不同的鲜花带给人的感受也不尽相同。鲜花在造型中的运用由来已久，讲究不同种类和颜色的精心搭配，使造型更具多变性、少女感、年轻感。鲜花配以不同的服装，所呈现的效果可表达出不同的情绪。而在新娘造型中，更多的是要表达柔和与清新之美。

⇨ 造型要点

为了最大限度地保持发型的发丝感和纹理感，需要顺着卷烫后的发丝方向进行梳理。采用拧转和对夹的方式突出发型的纹理感。鲜花佩戴的位置不可过于对称，其作用一方面是修饰发型，另一方面是使发型轮廓更饱满。

教程示范 1

Step 01　用22号卷发棒将所有的头发外翻烫卷，边卷边放，以增强空气感。

Step 02　将刘海儿区的头发向上提拉，进行两股拧转后固定，以增加发型轮廓的高度，然后将发尾摆成短刘海儿。

Step 03　自左右两侧发区分别取出一片头发，在黄金点处进行两股拧转处理。拧转时注意，拧转处尽量收紧，防止发型过于松垮。

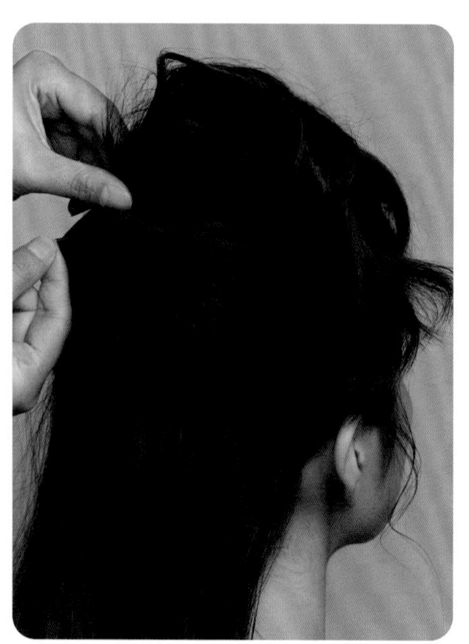

Step 04　在拧转处下夹固定，将发尾自拧转处向前摆放。

Tips

如果发现后发区不够饱满，可通过适当倒梳增加发量。

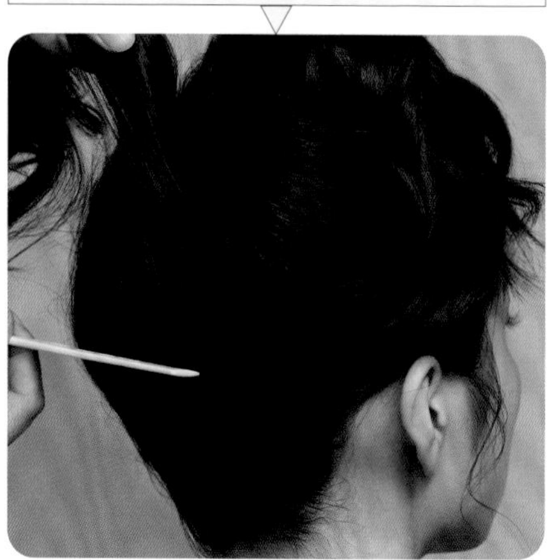

Step 05　将后发区的头发倒梳后向上轻梳，梳平表面，喷发胶收整碎发，以保证后发区的饱满度和发丝纹理的干净统一。

Step 06　将后发区的头发向上提拉至黄金点位置，向前拧转并用U形卡暂时固定。

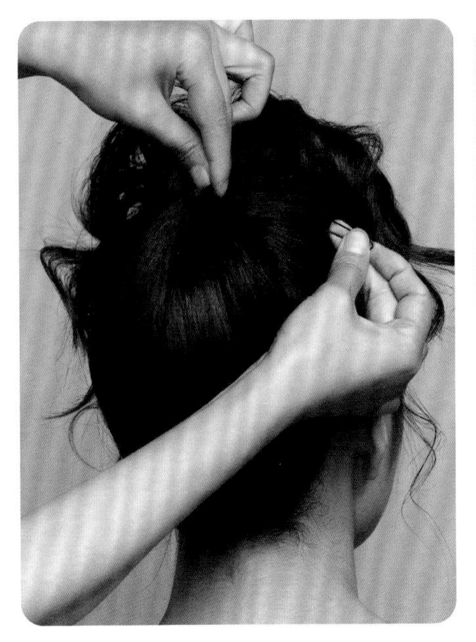

Step 07　将后发区的发型调整至理想状态，用钢夹在拧转处将头发完全固定，使发丝牢固、不松动。

Step 08　调整头顶的发丝，用左右两侧区及后发区的发尾遮挡发际线并修饰脸形。将额前的发丝摆放至想要的位置后固定，呈现出一定的空气感。

Step 09　选择清新雅致的小型鲜花，以不规则的形状佩戴至发丝纹理的空隙处，补全轮廓的同时起到修饰发型的作用。

Step 10　在右侧发丝纹理的空隙处佩戴一些鲜花进行点缀。鲜花可以用U形卡固定。

Step 11　全方位观察发型，确保整体发型饱满干净且发丝状态理想，结束操作。

· 完成 ·

The End

教程示范 2

Step 01　在全部头发外翻卷的基础上，随意取部分发丝，用22号卷发棒向前烫卷，以增强发型的空气感和不规则形态的纹理感。

Step 02　用尖尾梳将烫好的头发挑松，使头发呈自然蓬松的状态。

Step 03　从左侧发区取发，拧转后用U形卡固定，突出外翻纹理。固定时注意不宜过紧，方便调整发丝纹理。

Step 04　从头顶处取一缕头发，微微拧转后向上轻推，在拧转处用U形卡固定，使顶部轮廓饱满。适当调整发丝，增强空气感的同时修饰脸形。

Step 05　从头顶取出的头发的左右两侧取适量头发，左侧一缕头发压在头顶取出的头发上并固定，右侧头发压在从左侧取出的头发上并固定，制造出类似三股辫的纹理。调整发丝，表现出空气感。

Step 06　按照Step 05的方法，继续延长类似三股辫的纹理，注意发丝纹理的方向要流畅、自然。

Tips

在将左右两侧的头发往后进行处理时，注意预留出一些发丝，对脸形起到一定的修饰作用，且让发型看起来更加自然。

Step 07　采用微微拧转的手法将后发区的发丝做出一些向右的纹理，用U形卡固定，以增强头发的层次感。

Step 08　将后发区的头发分成左右两等份，将右侧的头发以两股拧转的手法处理，适当抽松后向左侧耳后固定。

Step 09　将左侧的头发同样进行两股拧转处理。

Step 10　将后发区左侧拧转好的头发向右侧耳后固定，调整头发的整体轮廓。轮廓不饱满处可适当抽松发丝，轮廓过大的地方可用U形卡适当收紧。

Step 11　在右耳后方佩戴鲜花，佩戴鲜花时需确保正面可见部分鲜花轮廓。

Step 12　以不规则的排列方式在后发区点缀佩戴，以修饰发型，结束操作。

教程示范 3

Step 01　用22号卷发棒将所有头发外翻烫卷，边卷边放，以增大发丝间的弧度，同时增强空气感。

Step 02　用大号鬃毛梳向斜后方梳理头发，使头发表面蓬松但不破坏头发卷烫好的纹理形态。

Step 03　从头顶取一缕头发，拧转后向上推，在拧转处固定。选择想要重点表现的发丝，拈起发丝，使其呈现正面可见的弧度，然后喷干胶定型，以增强发型的空气感。

Step 04　以三股加二编发的形式处理后发区上半部分的头发，用U形卡固定。

Step 05　当头发编至后脑勺处时，不再左右加头发，而改用编三股辫的方式收整发尾。

Step 06　将编成三股辫的发尾向上盘成一个圆形花苞，用一字卡固定。

Step 07　从左右两侧各取适量头发，拧转后在圆形花苞下方固定，使圆形花苞两侧的发型轮廓更加饱满。

Step 08　将后发区剩下的头发用橡皮筋扎成马尾，注意马尾的高度不可过低。

Step 09　从马尾中取出一片头发，用梳子梳理成片后，往略向左做卷筒，留出发尾并用一字卡固定。

Step 10　把马尾剩余的发片梳理成片，根据头发的长度及自然形成的纹理走向做卷筒，在空缺处摆放成1~2个卷筒，并留出发尾，然后用定位夹固定，再喷上发胶定型。

Tips

在每固定一次头发时，都要注意每层头发之间是否衔接自然，且尽量使后发区的头发形成一个整体。

Step 11　全方位观察发型的整体轮廓、纹理走向、发丝的空气感等情况，然后酌情加以调整，使发型轮廓饱满、纹理清晰，重点突出发丝的空气感。

Step 12　将后发际线附近留出的发尾轻轻抬起，喷发胶定型，使发尾更富有表现力。

Step 13　选择与服装配色相协调的鲜花，将其佩戴在发型的空隙处，使发型效果更丰富。

Step 14　继续佩戴鲜花，佩戴时需考虑到整体发型的轮廓，不可以破坏发型的纹理，结束操作。

教程示范 4

Step 01　用32号卷发棒将全部头发外翻烫卷，使头发呈现出较为自然的纹理走向。

Step 02　顺着头发烫卷好的纹理走向用手指将头发向后拨松散，不可向下拨头发，否则会破坏发丝纹理。

Step 03　从顶区抽取部分发丝，向上提拉起到调整发型轮廓且修饰脸形的作用。

Step 04　以编三股加二辫的形式处理前发区右侧的头发，将部分发丝抽松后固定，以增强头发的空气感。

Step 05　后发区自顶部开始从左侧依次取少量发片向右侧夹出纹理，并使其与右侧发区的纹理相衔接，再适当将发丝纹理抽松。

Tips

在抽松发丝的过程中，注意抽出的发丝不可过多，且保持均匀蓬松，避免凌乱。

Step 06　从左右两侧各取一缕头发，左侧头发向右拧转，右侧头发向左拧转，之后将发尾合拢在一起，用小皮筋固定。将发丝抽松。

Step 07　将后发区剩余的头发分成左右两个部分，在之前的马尾下方再扎一条低马尾，将马尾向上翻转并从缝隙中掏出，再次抽松发丝。

Step 08　在右侧鬓角处沿头发的纹理佩戴鲜花。

Step 09　在后发区发型纹理的空隙处及发尾处佩戴鲜花，使发型效果更加丰富，结束操作。

· 完成 ·

The End

第 4 章

日系清新造型

若问哪一种妆容可以做到不张扬、不造作，却能把精致可爱的女人味儿体现到极致，那就是日系清新造型了。它自带的夏日果冻感将浪漫融入了每一根发丝里。

概述

日系造型中一般会融入一些活泼可爱的元素。底妆水润质感的体现、眼妆与腮红的塑造是打造日系妆容的重点。日系造型的发型特征表现为纹理更为自由和细碎一些，同时也会追求圆润的轮廓感。造型手法以拧转为主，有时也会用到抽丝的手法，以增强发型的空气感和灵动感。

妆容教程示范

为体现清新白然的妆感，妆前护肤和对皮肤的保湿提亮是必不可少的工作。清透但具有一定遮盖力的底妆是妆容完美呈现的重要基础。如果模特的皮肤有瑕疵，可以采取“遮瑕→打底→遮瑕”的工序来进行遮盖。腮红主要体现在苹果肌处，更有利于突出日系的清新可爱感。

⇨ 使用妆品

01 M.A.C 晶亮润肤乳（redlite）
02 IPSA 三色遮瑕膏
03 日本碧雅诗 KP Kesalan Patharan 双色眼部魔法遮瑕膏
04 SUQQU 晶采净妍滴管粉底液（102#）
05 MAKE UP FOR EVER 清晰无痕蜜粉
06 SHISEIDO 雾感慕斯高光腮红（10#）
07 DIOR 蓝星定制腮红（601#）
08 CPB 亮彩柔肤蜜粉饼（15#）
09 DIOR BACKSTAGE 九色眼影盘（003#）
10 Shu Uemura 砍刀眉笔（06#）
11 CLARINS 睫毛雨衣定型液
12 HOMA 星级定制款睫毛（加绒款）
13 M.A.C 限量款打底唇膏（ARROWHEAD）
14 M.A.C 子弹头唇膏（SUSHI KISS）

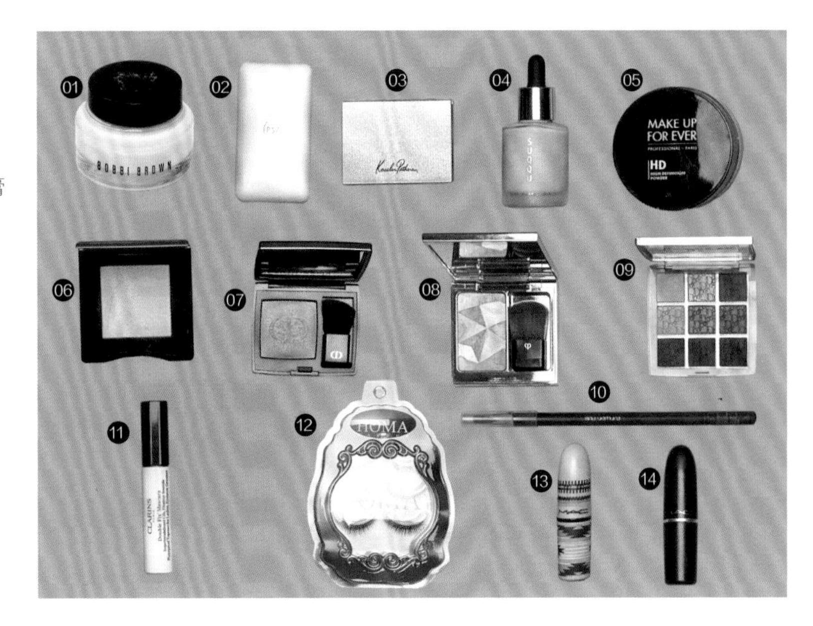

⇨ 操作要点

当模特皮肤的瑕疵较多时，可采用先遮瑕再上底妆的方式上妆，这样可达到良好的遮盖瑕疵的效果。遮瑕的范围需要注意，不可以大面积遮瑕，遮瑕范围过大容易影响妆面的质感。同时，为使瑕疵部位不易脱妆，可用遮瑕刷蘸取遮瑕产品，以点拍的方式进行遮瑕。

⇨ 操作过程

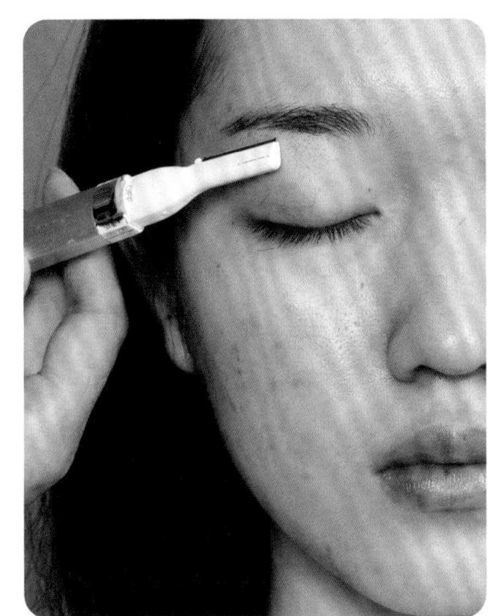

Step 01　用电动修眉刀修整眉形，使眉形清晰。

Step 02　做好妆前护理工作，涂抹M.A.C晶亮润肤乳，对皮肤进行补水保湿处理，以方便上底妆。

Tips

一般来说，遮瑕膏的色调应与皮肤色调一致或略暗。

Step 03　用遮瑕刷蘸取IPSA三色遮瑕膏，遮盖面部较明显的瑕疵。

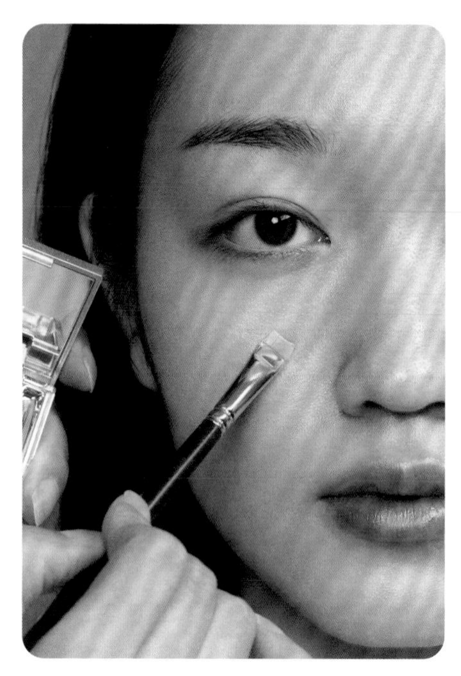

Step 04　适当调和橙色与黄色的眼部魔法遮瑕膏，用较扁平的刷子由内而外、少量多次地均匀涂抹黑眼圈处。

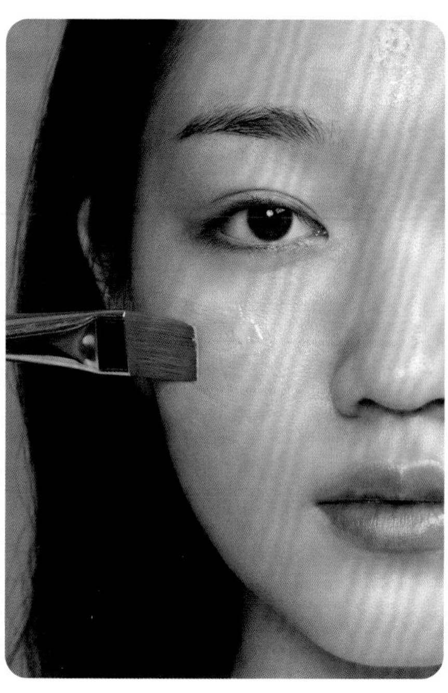

Step 05　用粉底刷蘸取SUQQU晶采净妍滴管粉底液，由内而外、少量多次地均匀涂抹面部，遮瑕处可以采取轻拍的方式进行处理。

Step 06　用海绵蛋蘸取少量粉底液，在面部轻拍，以消除粉底刷造成的刷痕，使底妆更加伏贴。

Step 07　用散粉刷蘸取少量清晰无痕蜜粉给脸部定妆。定妆产品的用量直接关系着底妆的通透程度，不可用得过多。

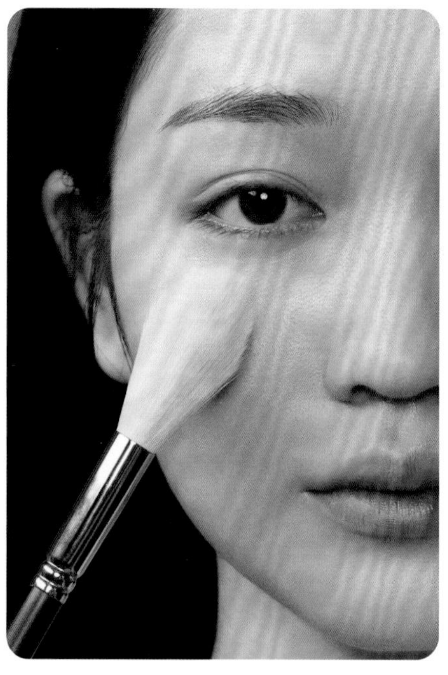

Step 08　用毛质松散的散粉刷蘸取SHISEIDO雾感慕斯高光腮红，对T区和眼下三角区进行提亮，以增强面部的立体感。

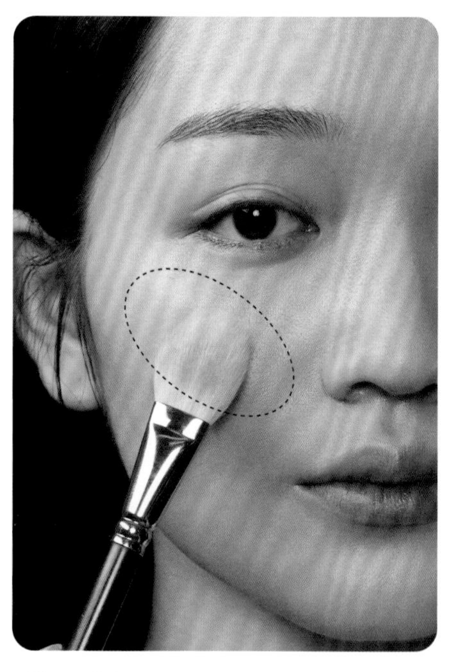

Step 09　取适量DIOR蓝星定制腮红与CPB亮彩柔肤蜜粉饼，混合后在如图所示范围叠加晕染，与眼影自然衔接。

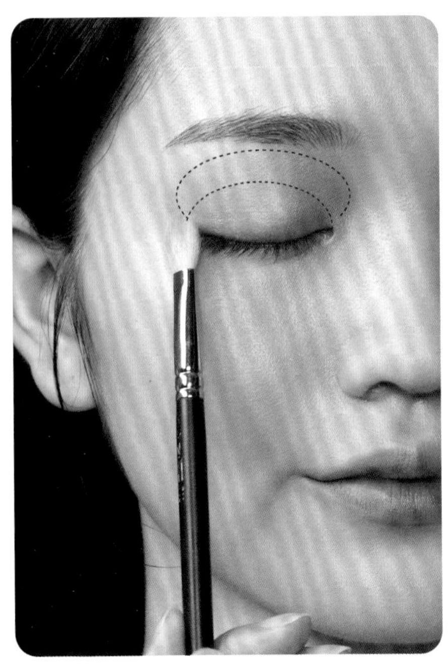

Step 10　取基础浅色眼影进行打底，蘸取浅橙色眼影，从睫毛根部向上平涂晕染，虚化边界线并适当晕染至眉头下方。

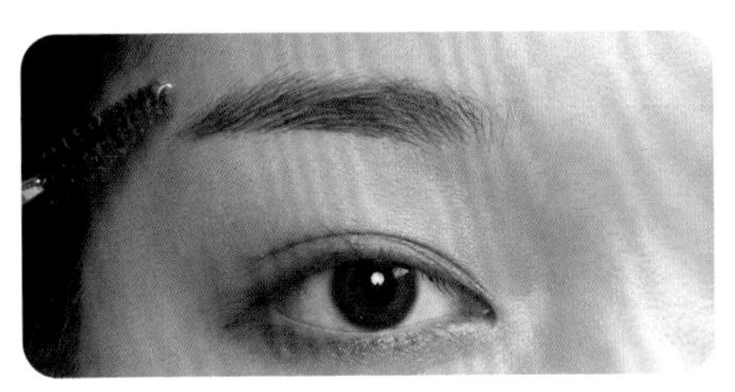

Step 11　选择毛质柔软的螺旋扫，按照眉毛的生长方向对眉毛进行梳理。

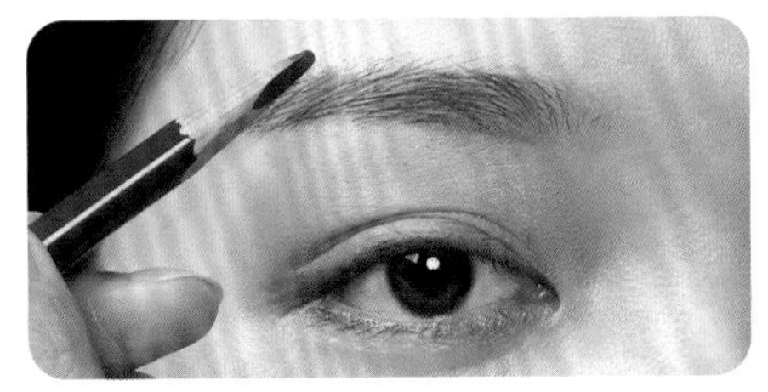

Step 12　按照眉毛的生长方向，用砍刀眉笔以排线的手法画出整体眉形，注意虚化边缘线。

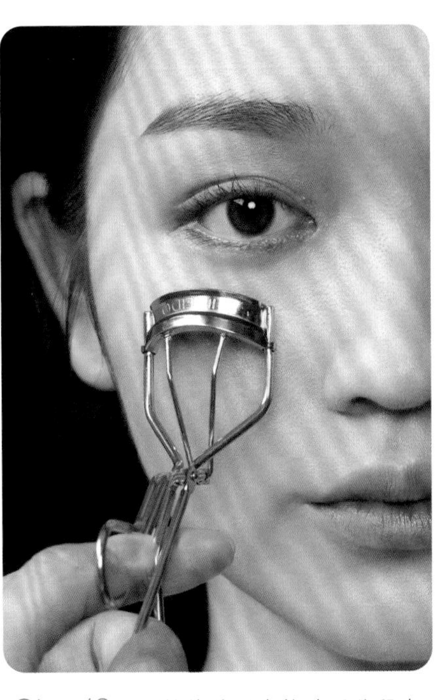

Step 13　用整体睫毛夹将睫毛分段夹至足够卷翘，用局部睫毛夹将眼头和眼尾的睫毛弧度调整一致。

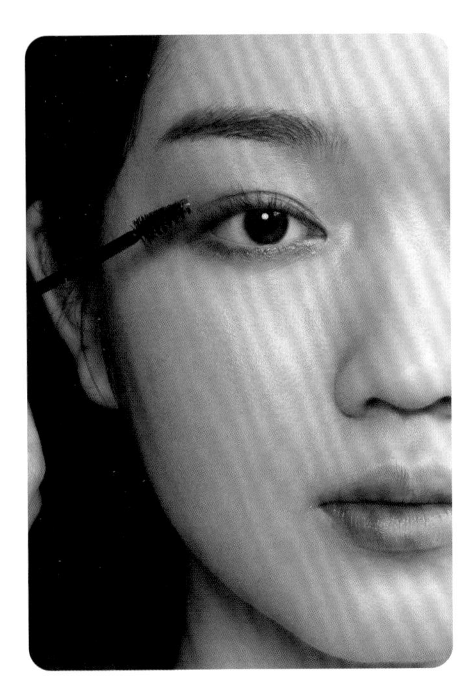

Step 14　用CLARINS睫毛雨衣定型液为睫毛定型。在定型过程中，注意定型液用量不可过多，以防止睫毛黏腻。

Step 15　选择HOMA星级定制款睫毛，在上睫毛空隙处做增补处理，使真假睫毛自然融合。

Step 16　用M.A.C限量款打底唇膏对唇部打底，用M.A.C子弹头唇膏叠加涂抹唇部，结束操作。

发型教程示范

COVER GIRL
日系自然卷发发型

自然卷发发型是日系经典造型之一。轻松自然的卷发经常出现在各大日系杂志的封面上，同时也很受新娘和准新娘的喜爱。以小卷的方式卷烫可起到增加发量和凸显发丝纹理感的作用，这样更能体现出日系可爱感。

⇨ 造型要点

头发的卷烫是此类发型操作的重点。由于模特发量偏多，头发为粗硬黑发，并且过于厚重和单一，因此不能体现日系造型所需的纹理感及空气感。这里我们采用混合竖卷的方式，向前向后烫卷全部头发，以营造出日系造型所需的纹理感。

⇨ 操作过程

Step 01　用大号气垫梳将头发整体梳理通顺，为后续造型工作做准备。

Step 02　从右侧鬓角处取出一片头发，用卷发棒竖向向前烫卷。

Step 03　取与上一片头发相邻的部分，用卷发棒向后烫卷。

Step 04　依次用与Step 02和Step 03相同的手法将头发整体烫卷，增强头发的纹理感与空气感。然后将刘海儿内扣烫卷。

Step 05　用尖尾梳将卷好的头发由上至下挑开，更有利于使头发保持卷度，切不可用手指处理。

Step 06　在顶区取椭圆形发片，用手指梳理头发并拧转，向上轻推后形成一个发包。

Step 07　在头顶发包拧转处固定。调整刘海儿区的发丝，以修饰脸形，调整其他位置的发丝，使轮廓饱满、纹理清晰，并喷发胶定型。

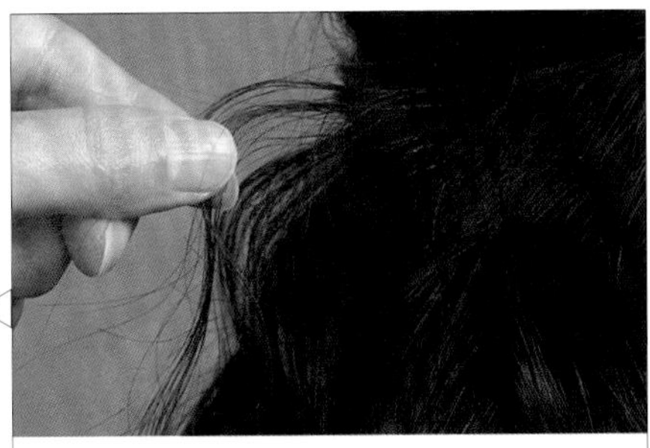

Tips

注意，这里抽取发丝主要是为了让发型整体看起来更饱满、蓬松，不要抽取过多发丝，也不能喷太多发胶。

Step 08　佩戴饰品，起到点缀和修饰的作用，结束操作。

日系新娘
纹理盘发发型

富有纹理感的盘发发型有很多，而日系纹理盘发成为时下非常受欢迎的造型之一。相比森系造型的飘逸、空灵，日系纹理盘发发型显得更含蓄一些，浪漫而又优雅。日系纹理盘发发型的塑造离不开编发、拧转等手法，但不需要将发丝处理成较为夸张和突出的弧形纹理。

⇨ 造型要点

黑色的头发容易给人以厚重、沉闷的感觉，因此只有塑造出较为明显的纹理才能让整个发型显得更灵动。整体把握好头发的分区，以皮筋捆扎的方式缩短发束之间的距离，再拉扯出相应的纹理。这样能够塑造出有立体感的纹理。

⇨ 操作过程

Step 01　将刘海儿区的头发三七分（左三右七）。为避免出现明显的分缝线，在分发时可做Z字形处理，使分区效果更好。

Step 02　在右侧刘海儿区的最高处取适量发丝，拧转处理后向左侧轻推并下夹固定。然后抽出少量发丝，以修饰脸形。喷发胶定型。

Step 03　用对夹的手法在右侧刘海儿区做出三股辫形式的纹理。适当抽松发丝，但要保持纹理清晰。

Step 04　以黄金点为圆心从顶区取一缕头发，用皮筋在与头皮有一定距离的位置扎紧，扎成一条小马尾。

Tips

注意，在将小马尾向上翻转并从发丝缝隙中掏出时，需注意头发的松紧度，避免过松，或扎结处与头皮不够贴合。

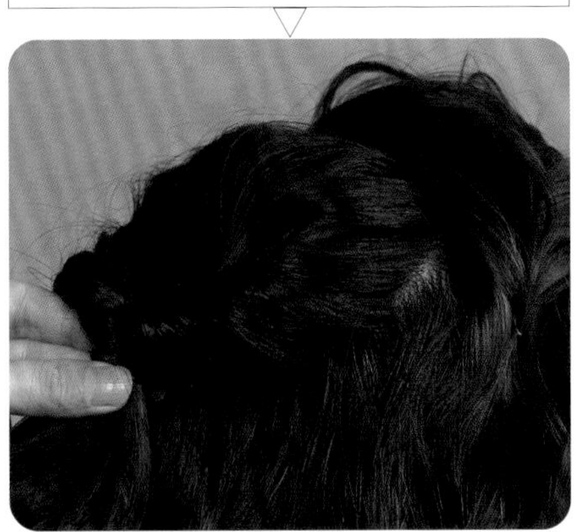

Step 05　将扎好的小马尾向上翻转后从发丝缝隙中掏出。

Step 06　调整发丝，将头顶处的发丝适当抽松，使发型轮廓饱满。

Step 07　用与顶区同样的手法处理右侧发区的头发。调整顶区头发右侧的轮廓。

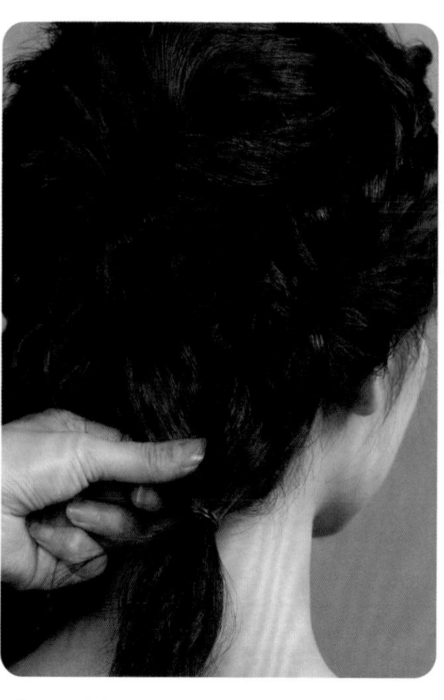

Step 08　在后发际线右侧扎一条小马尾，调整发丝的松紧度。

Step 09　将扎小马尾的皮筋处向上推并隐藏在发丝后，用U形卡固定，留出发尾。

Step 10　后发际线左侧的头发采用与右侧相同的手法处理，在后发际线处连接，使整体发型轮廓饱满且纹理明显。然后用22号卷发棒将留出的发尾外翻烫卷。

Step 11　将纹理感较强的鲜花饰品佩戴在前区右侧，以修饰发型。

Step 12　后发区的间隙处选择同样或同色系的鲜花进行佩戴，使发型轮廓饱满，配色也更加统一，结束操作。

· 完成 ·

The End

日系新娘空气感发型

在塑造空气感发型的时候，充分利用发尾往往能给我们带来意想不到的效果。对中长发的操作也是如此，留出部分发尾，配合发中部分拧转塑造出的纹理，会使整个发型的纹理更具多样性，也会使发型更显华丽。

⇨ 造型要点

对于发量偏多的中长发模特，想要把发型处理得高些，一般会采用拧转的方式将发中部分收短，使之集中在顶区并夹紧。这样做一方面可以塑造出纹理，另一方面可以避免两鬓处轮廓过大而使发型显得臃肿。

⇨ 操作过程

Step 01　留出刘海儿区的发丝，在顶区取出一缕发量适中的头发，微微提起后做拧转处理。

Step 02　将发丝全部拧转，使其产生一定的纹理效果，然后在顶区用U形卡固定。

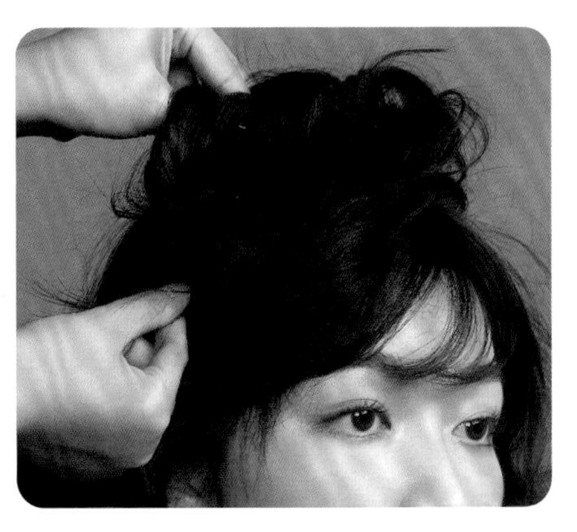

Step 03　取右侧发区的头发，用与顶区相同的手法拧转固定后留出一小段发尾。

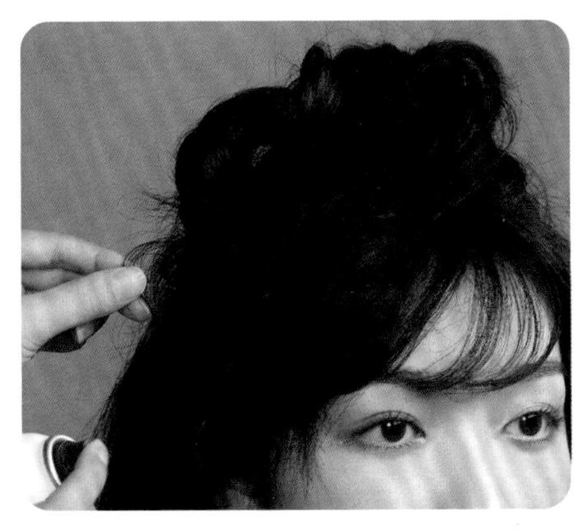

Step 04　调整发丝，使正面可见，注意发丝的轮廓和纹理，喷干胶定型。

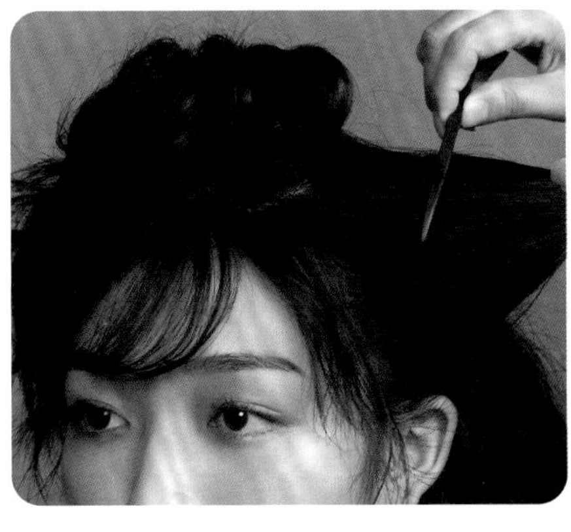

Step 05　梳理左侧发区的头发。

Step 06　左侧发区的头发采用与右侧相同的手法处理，整理边缘处的发丝并喷干胶定型，使正面可见。

Step 07　将后发区所有头发向上拧转。针对轮廓不饱满处可将内部发丝适当倒梳，将头发往上拧转时，要保证头发表面足够整洁。

Step 08　在拧转处用一字卡固定，拧转固定的高度需要适当向上，不可过低。将拧转后留出的发尾部分向前摆放，并且保证从正面看发型的轮廓是饱满的。

Step 09　整体调整发型，刘海儿的调整和两侧发区适当留出的发尾是使造型更灵动的关键。佩戴鲜花发饰，结束操作。

第 5 章

意境中式造型

心目中最美的爱情是什么样子的？

万千梦想之中，总有一个画面，是我凤冠霞帔，等你踩着七彩祥云来接我。

时近黄昏，你的笑容，迷了风月，醉了红尘。

5.1 概述

民族文化传承是一个多元性的话题，无论是历史、文学，还是艺术，都在反复探讨。近些年，时尚界更是对民族文化传承给予了更多的关注。中式造型成为众多新娘婚礼造型的必选项。关于中式造型的风格，不同的人有不一样的表达，而在笔者看来它应该是柔美的、含蓄的。除了质感的表达以外，体现出韵味更重要。服饰一般不会选择过于夸张的元素，其主要是为了体现出中国女性更精致、含蓄的内敛美。

妆容教程示范

中华民族关于妆容的历史十分悠久，不同时期的妆容特点并不相同。我们可以学习和研究每个历史时期彩妆文化的特点，因为它们具有很高的艺术价值，对提升自身的审美也有所助益。在日常美妆造型中，一般不会完全还原某一历史时期的妆容，更多时候我们会取其精华，以适应现代美妆造型的需要。

使用妆品

01 MAKE UP FOR EVER 复活焕彩粉底液（Y218）
02 日本碧雅诗 KP Kesalan Patharan 双色眼部魔法遮瑕膏
03 BOBBI BROWN 裸色光影蜜粉饼（bare#）
04 Shu Uemura 砍刀眉笔（01#）
05 RMK 自选深大地色微珠光眼影盘
06 BOBBI BROWN 眼线膏（黑色）
07 HOMA 星级定制款睫毛（加绒款）
08 DIOR 蓝星定制腮红（999#）
09 M.A.C 限量浅粉色微珠光腮红
10 SHISEIDO 雾感慕斯高光腮红（10#）
11 M.A.C 限量款打底唇膏（ARROWHEAD）
12 3CE 丝绒亚光雾面唇釉（childlike#）

操作要点

中式妆容中，眉形的刻画需要着重注意。东方女性给人的印象是柔和的、含蓄的、没有过分棱角的，所以中式妆容中线条的呈现以圆弧为主。在刻画眉形时，对眉峰和眼线角度的处理要特别留意，不能呈现得过于方硬。

操作过程

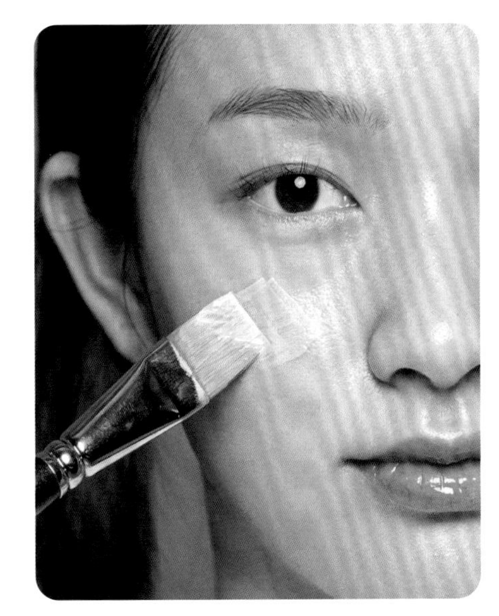

Step 01　做好妆前护肤，用粉底刷蘸取MAKE UP FOR EVER复活焕彩粉底液，由内而外、少量多次地涂抹面部。

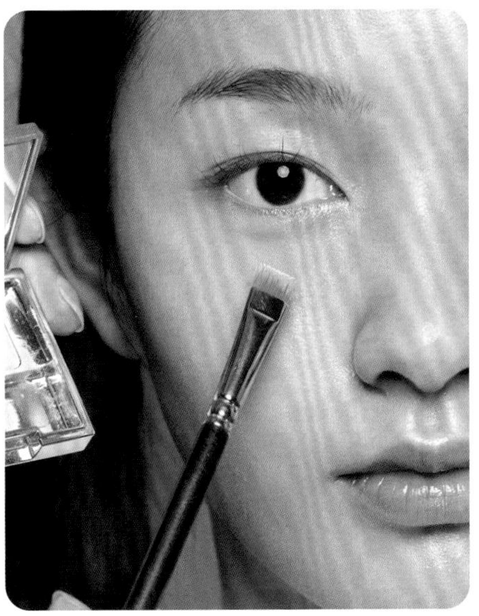

Step 02　对双色眼部魔法遮瑕膏依据黑眼圈的深浅进行调配，用轻薄的粉底刷涂抹于黑眼圈最暗处。

Step 03　为最大限度地体现皮肤的质感，用刷头较松散的散粉刷蘸取轻薄的BOBBI BROWN裸色光影蜜粉饼，对脸部进行定妆。

Tips

为了让模特的气质更显柔美，注意眉峰处要处理得圆润一些。

Step 04　用砍刀眉笔以排线的手法刻画眉形，使眉形干净且清晰。

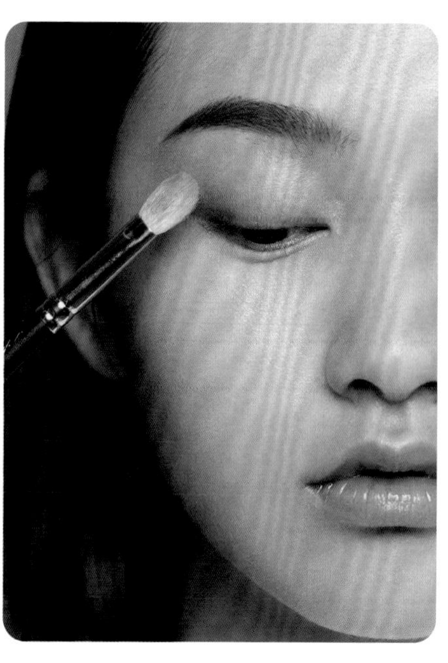

Step 05　从RMK自选深大地色微珠光眼影盘中选择深浅不同的两种大地色眼影，混合后用渐层手法晕染眼睑，注意应无明显界线。可晕染至眉头，以增强面部的立体感。

Step 06　用BOBBI BROWN眼线膏勾勒出略带媚感的延长眼线，使其与中式造型风格主题更契合。应保证眼线干净、流畅，使眼妆显得更精致。

Step 07　用睫毛夹分段轻夹睫毛至自然卷翘的状态。眼头和眼尾处可用局部睫毛夹进一步夹翘，中间部分用HOMA星级定制款睫毛做适当增补处理。

Step 08　混合DIOR蓝星定制腮红（999#）与M.A.C限量浅粉色微珠光腮红。用腮红刷蘸取混合后的腮红，轻扫苹果肌处，并用少量SHISEIDO雾感慕斯高光腮红过渡边缘，呈现均匀且柔和的腮红效果。

Step 09　用M.A.C限量款打底唇膏进行唇部打底，调整唇部颜色。用3CE丝绒亚光雾面唇釉刻画中式满唇，注意保持唇边线清晰，避免晕染超出唇边线。

发型教程示范

清丽脱俗
新中式发型

新中式造型的灵感主要来源于民国时期新女性的妆容。民国时期，女性对美的认知有了一定的改变，无论是妆容、发型，还是服饰的选择，都有创新。

⇨ 造型要点

妆容上依然以精致为主。对于复古感的体现并非只有红色，也可以选择一些其他的颜色。发丝的干净程度与传统中式的要求并无太大区别，但发型纹理的塑造以大片的波纹或较有立体感的卷筒为主，并且小发丝的修饰作用依然重要。

教程示范 1

Step 01　用25号卷发棒将头发整体进行平卷处理，局部发丝在整体烫卷后可进行加卷处理。

Step 02　将烫好的发丝整体向自己想要的方向梳理，使发丝形成的发流走向一致并连接成片。

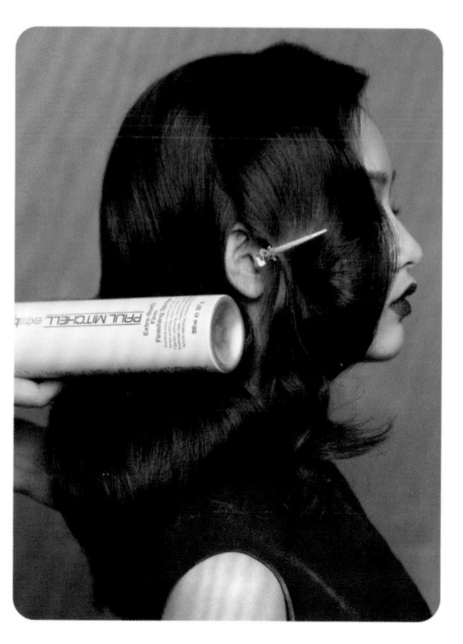

Step 03　将后发区发丝统一向下梳理，然后大面积轻喷发胶，用发胶瓶在形成的波谷处轻压，以收整碎发。

Step 04　将前发区的头发三七分（左三右七），将右侧头发整体梳理平整，根据发丝形成的发流走向在额角处略向前轻推，使之形成波纹，以修饰脸形。

Step 05　进一步轻梳发片至通顺状态，梳理时注意不可破坏已经固定好的波纹。然后将发片斜向上向后轻推，塑造出波纹。

Step 06　用鸭嘴夹固定新波纹。将已经初步梳理通顺的发尾发丝轻轻抬起，用梳子做内控式梳理，使发尾形成卷筒状。

Step 07　在右侧卷筒处喷干胶定型。将前发区左侧的头发向斜上方梳理。

Step 08　用鸭嘴夹在左耳上方固定。将同侧剩余的发丝梳理通顺，使表面干净、平整。边缘处发丝可用定位夹暂时固定。将后区发尾均内扣做成卷筒，整体喷发胶定型。

Step 09　取下鸭嘴夹和定位夹。选择金属质地的镶钻羽毛饰物，佩戴在左耳上方，并确保饰物正面可见，结束操作。

Tips

在打造这款发型时，干净度和清爽度的把控是至关重要的。因此，在梳理和固定头发时需要特别注意这个问题。此外，喷发胶定型时，注意发胶的量不可过多，以免产生粘黏感。

· 完成 ·

The End

教程示范 2

Step 01　将顶区的头发暂时固定，并将下半区的头发统一向上梳理。

Step 02　将下半区所有头发梳理整齐，将其扎成一条高马尾。

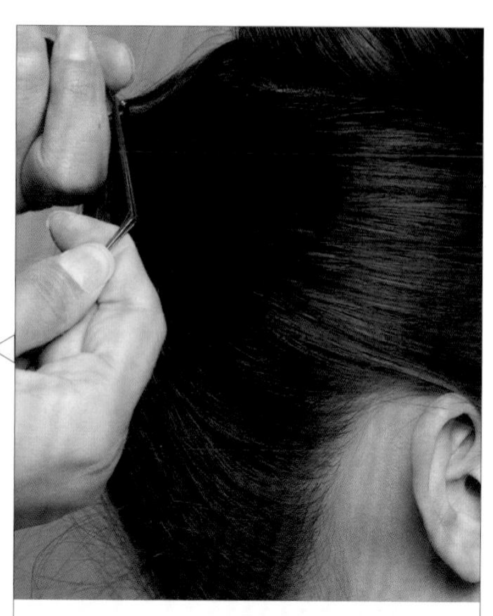

Tips

在扎马尾时，注意马尾的高度要合适，不可过高，也不可过低。

Step 03　将扎好的马尾横向分片并做倒梳处理，使马尾的体积增大。

Step 04　将倒梳后的马尾用鬃毛梳轻轻梳理，使马尾表面平整且所有发片连接，形成一个发包。

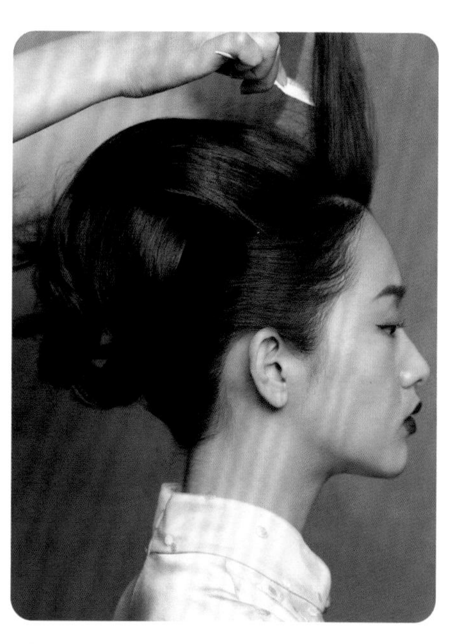

Step 05　将发包向上轻推并固定，起到基底支撑的作用。将顶区的头发横向分片，依次倒梳处理后向后覆盖。

Step 06　将顶区的头发梳至下半区马尾结点处，用定位夹横向暂时固定。然后将顶区中段的头发梳理通顺后向左侧额角摆放，使之形成环状纹理并固定。

Step 07　将发尾部分向右侧额角处梳理。此时发尾的发量较少，做成环状纹理，暂时用定位夹固定。下半区的发尾向外卷成筒状，用定位夹暂时固定。喷发胶定型。

Step 08　用螺旋扫配合啫喱处理鬓角处的发丝，尾端的S形发丝更有利于表达女性的柔美感。

Step 09　取下定位夹。在左侧环状纹理的空隙处佩戴发饰。注意发饰的颜色与服装的颜色呼应，以及整体意境的表达。

Step 10　在右侧环状纹理的空隙处佩戴发饰，结束操作。

· 完成 ·

The End

教程示范 3

Step 01　将头发整体分为如图所示的3个发区。将中发区的头发拧转固定成发髻，起到基底支撑的作用。

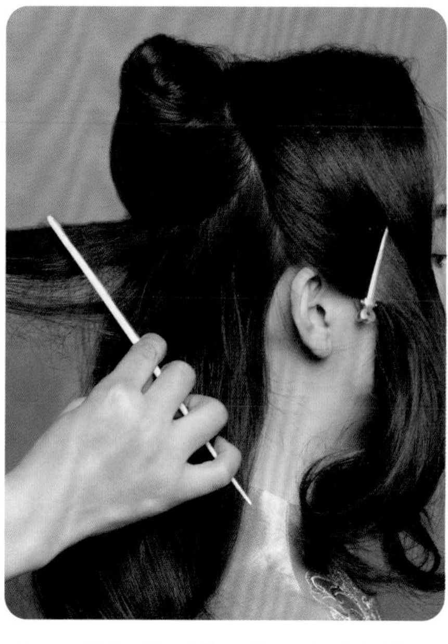

Step 02　将后发区的所有头发依次横向分片并做倒梳处理。

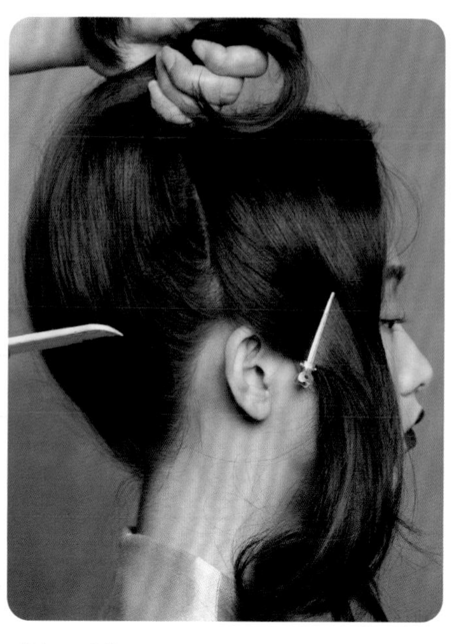

Step 03　将后发区倒梳后的发丝全部向上梳使之覆盖中发区的发髻，将头发表面梳理干净，形成发包。

Step 04　固定发包，将后发区头发的发尾向前梳理，使之与前发区的头发合在一起。将前发区的头发三七分（左三右七）。从右侧取一缕头发，根据发流的走向做卷筒处理。

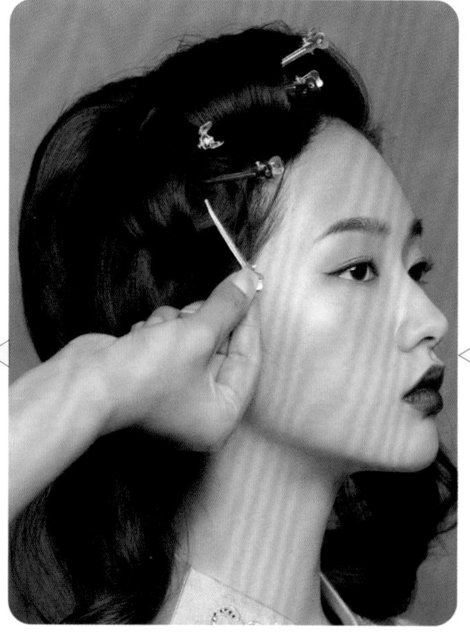

Step 05　用定位夹固定卷筒。将发尾从卷筒后掏出，沿发际线与第1个卷筒相衔接的位置做第2个卷筒，并用定位夹固定。

Tips

在对头发做卷筒处理时，一边固定一边观察，使卷筒保持光滑、整洁，避免毛躁。

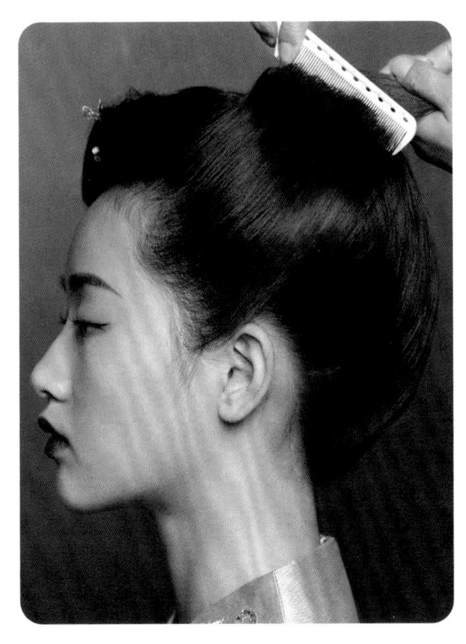

Step 06　用同样的手法在右侧做出第3个卷筒并用定位夹固定。将前发区左侧的头发向斜上方梳理，注意保持侧发区饱满，若过于扁塌可适当进行倒梳处理。

Step 07　将前发区左侧的头发梳理至发包顶点后扣转固定，然后将发尾延伸至左侧额角处，并做成环状。喷发胶定型。

Step 08　取下定位夹。佩戴发饰，发饰最好能遮挡发区分界线并使发型更饱满。

Step 09　全方位观察发型，调整发型轮廓及细节，修整碎发至理想效果，结束操作。

· 完成 ·

The End

教程示范 4

Step 01　用25号卷发棒将两侧的头发外翻烫卷。

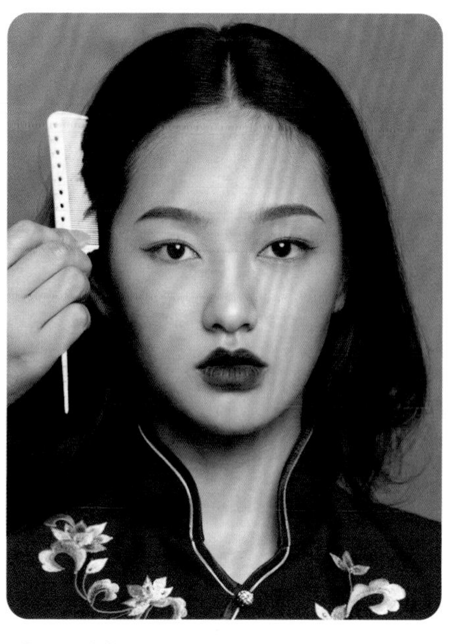

Step 02　将前发区的头发中分，注意分缝线需保持干净、整齐，然后将左右两侧的头发梳理通顺。

Step 03　将后发区的头发梳理通顺，取约1/3发量的发束向上做连续卷筒处理，并用定位夹暂时固定。

Tips

在固定卷筒时，注意需要保持卷筒高低错落，避免刻板。

Step 04　在后发区中间取约1/3发量的发束向上做连续卷筒处理并固定。然后将后发区其余的头发做相同处理。

Step 05　将前发区右侧的头发向上反转，在近太阳穴处形成卷筒，用定位夹固定。

Step 06　前发区左侧的头发采用与右侧相同的手法处理。固定时注意，左右两侧卷筒应大致对称。

Step 07　喷发胶定型，取下定位夹。佩戴藤蔓状金属中式发饰。调整卷筒预留出的发尾与后发区发包，使其相互衔接。

Step 08　在后发区两侧佩戴流苏状发饰，以点缀发型，补足轮廓。结束操作。

· 完成 ·

The End

珠围翠绕
华美中式发型

相较新中式造型而言，华美中式发型更侧重于体现造型的华丽感，但又不显强势，且更具正式感。

⇨ 造型要点

华美中式发型在处理时更倾向于传统中式发型。为了更能突出少女感，应尽可能多地采取高盘发的形式进行整体塑造，两把头、辫子等假发的运用更能体现传统中式感，服装和配饰的选择不可过于朴素。同时，流苏、串珠等元素更能体现出华丽的视觉效果。

教程示范 1

Step 01　将头发在整体平卷后梳理通顺，然后将前发区的头发中分，注意保持分缝线整齐、干净。

Step 02　将后发区的头发分为上下两部分并分别扎成马尾，注意上半部分的发量少于下半部分。

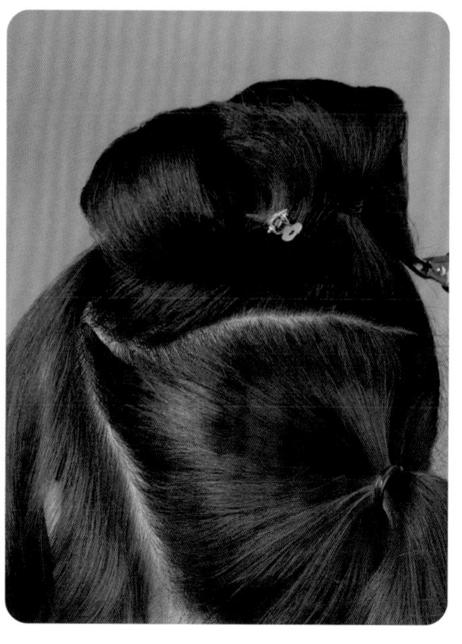

Step 03　将后发区上半部分扎好的马尾梳理通顺，按照发流走向向前向后做卷筒，卷筒在顶区拼接成错落有致的花苞状，并暂时用定位夹固定。

Step 04　由于后发区下半部分发量较多，因此在卷发前先将头发均分为上下两份。将上面一份头发向上做卷筒并用定位夹固定。

Step 05　将上面一份头发的发尾做连续卷筒处理，并用定位夹固定。下面一份头发采用相同的手法处理。

Step 06　将前发区右侧的头发向下向后梳理，在右耳后方用鸭嘴夹固定，将发尾编成三股辫。

Step 07　将三股辫做8字拧转处理，在右侧鬓角处固定发辫。固定时注意，将边缘处调整至略超出发际线，以修饰脸形。

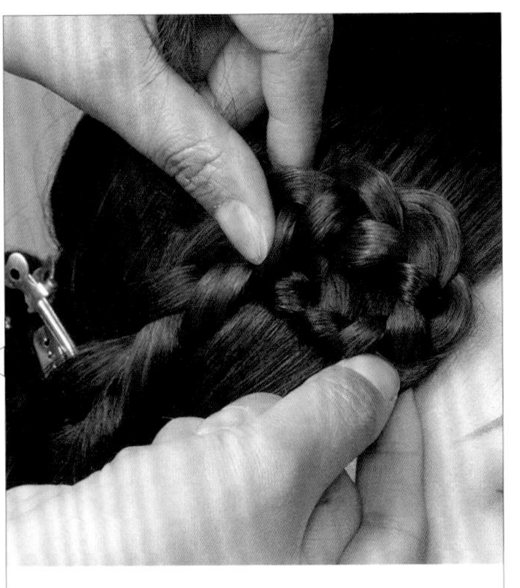

Tips

在发型操作中，要确保头发发流干净、纹理清晰，避免毛躁，否则将达不到中式发型精致华美的效果。

Step 08　用螺旋扫配合啫喱处理鬓角处的发丝，使发丝成S形，以体现女性的柔美感。前发区左侧的头发采用与右侧相同的手法处理。

Step 09　结合服装的颜色，选取金色片状中式头饰并将其佩戴在前发区两侧的发辫处，以修饰发型。

Step 10　选取带有流苏的片状发饰，佩戴在后发区，以使后发区发型轮廓更加饱满。结束操作。

Tips

饰品的佩戴位置应高低错落，避免刻板。

教程示范 2

Step 01　将头发平卷后梳理通顺。然后在顶区取一缕头发，适当倒梳后拧转，向前轻推固定成发包。

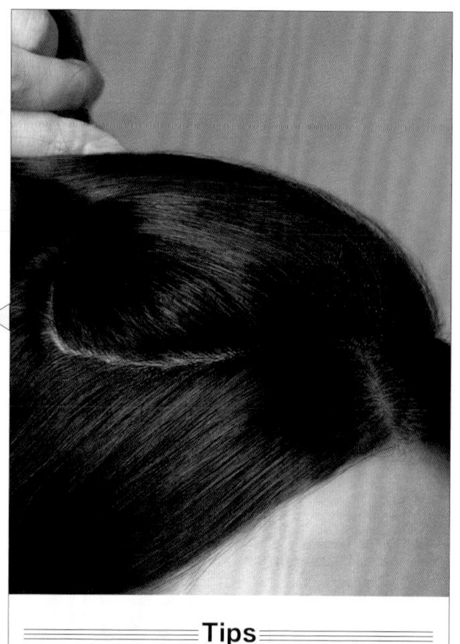

Tips

在制作发包时，注意保持发包自然且表面光滑，并确保正面可见。

Step 02　将后发区的头发分为左、中、右3个部分，并保持中间部分发量略多。取中间部分的头发，从枕骨处开始编三股辫，发辫尾端向内固定，形成细长型低发髻。

Step 03　将后发区左侧的头发梳理干净，向右下方扣转并固定。

Step 04　将后发区右侧的头发梳理干净，向左上方扣转并固定。

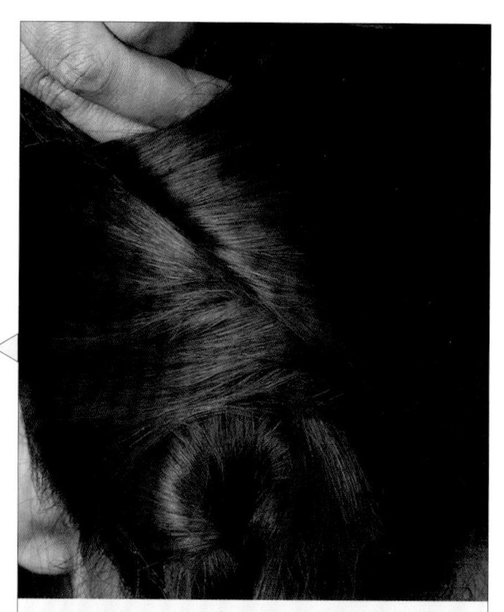

Tips

在将左右两侧的头发向后梳理并覆盖固定时，需注意与后发区中间部分头发的衔接和贴合，尽量表现出自成一体的感觉。

Step 05　将后发区头发的发尾梳理通顺，然后根据发流走向在后发区中间摆放出合适的纹理，使后脑勺区域轮廓饱满。

Step 06　将前发区右侧的头发向后梳理。

Tips

注意发际线处的发丝弧度和整体平整度。

Step 07　前发区右侧发尾部分与后发区衔接并形成相同的纹理。前发区左侧的头发采用与右侧相同的手法处理。在顶区搭配固定一个假发配件（两把头），然后用螺旋扫蘸取啫喱修整鬓角处的发丝。

Step 08　在真假发接合处点缀小型片状且带有流苏的饰品。少量的饰品搭配即可体现中式意境。

Step 09　选择长条状饰品，沿右侧耳后的发丝纹理进行佩戴，补足轮廓的同时修饰发型。

小家碧玉
简约中式发型

简约中式发型重点是想要突出传统女性安静、柔和的性格特征。有别于新中式的创新、华美中式的华丽感，简约中式发型在服装搭配和配饰的选择上更为独特，鲜花和蝴蝶形发饰的运用可以让人物显得更加安静、柔和。

⇨ 造型要点

简约中式发型在塑造时未过多采用拧转和编发手法，减弱了纹理感。干净的发丝纹理和饱满的发型轮廓是处理此类发型的关键。然而，如果将发型处理得太过干净，又会产生生硬和刻板的感觉，因此在整体造型中加入一些较为醒目的刘海儿和配饰，可以起到平衡和协调的作用。

教程示范 1

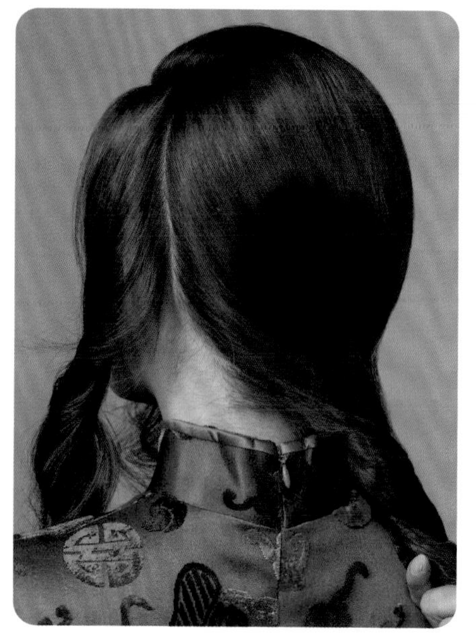

Step 01　把所有头发平卷后梳理通顺，然后在适当的位置进行分缝处理，将头发分为前后两个发区。

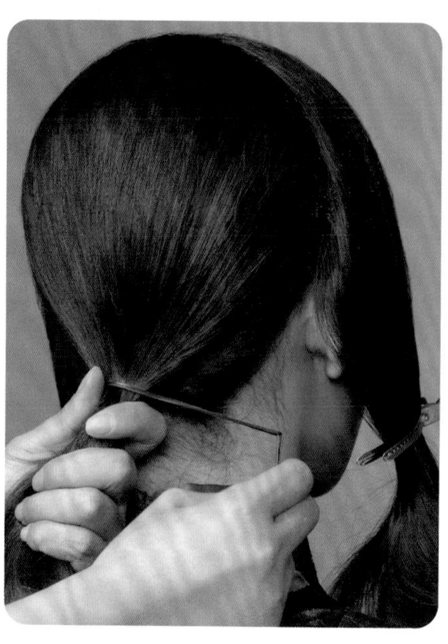

Step 02　将后发区全部头发在后发际线处扎成低马尾。

Step 03　将马尾中所有的头发梳理通顺，向内做卷筒处理并固定成低发髻。

Step 04　将前发区的头发三七分（左三右七），在右侧预留出适量头发，把其余头发梳理通顺。

Step 05　在太阳穴附近用手推的方式做出单个手推波纹，用定位夹固定。注意波纹对发际线的修饰作用。

Step 06　将预留出的头发在前一个手推波纹的上方做出一个较大的波纹。注意两层波纹之间的错落关系。

Step 07　前发区右侧的发尾要与后发区的低发髻相衔接并保持纹理的一致性，之后用定位夹暂时固定后并喷发胶定型。

Step 08　将前发区左侧的头发向后梳理通顺后做扣转处理，与后发区衔接并遮挡分缝线。

Tips

无论是对头发顺滑度的控制，还是对发胶量的控制，都是体现发型清爽和精致的关键，需要特别注意。

Step 09　将前发区左侧的发尾梳理通顺后，按照发尾自然形成的走向摆出好看的8字形纹理，并与低发髻相衔接。

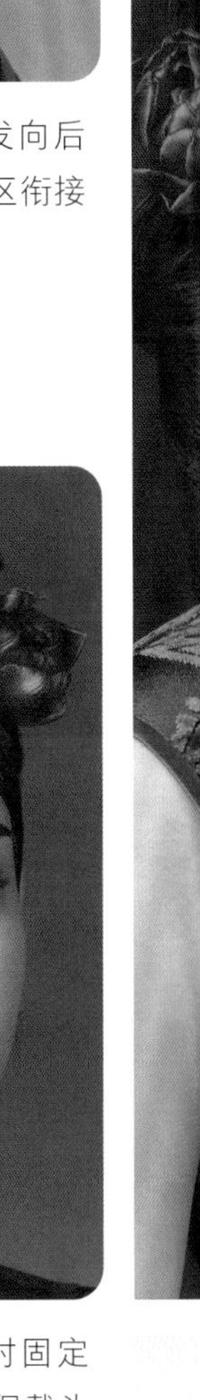

Step 10　喷发胶定型，将临时固定用的鸭嘴夹及定位夹取下。然后佩戴头饰，结束操作。

· 完成 ·

The End

教程示范 2

Step 01　紧贴耳后将头发分为前后两个发区。将后发区的头发扎成高马尾，喷发胶，将碎发处理干净。

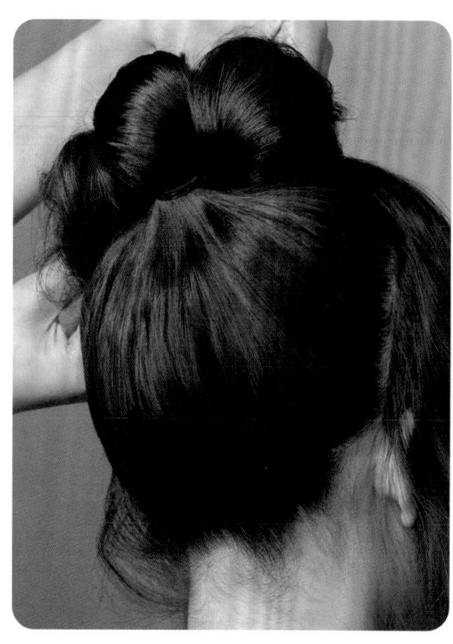

Step 02　将马尾的全部头发梳理通顺后用8字拧转的手法做成发包。

Step 03　将前发区的头发中分。将右侧的头发梳理通顺并向斜后方梳理，并在后发际线处做拧转处理。

Step 04　前发区左侧的头发以同样手法处理。两侧头发拧转后固定。

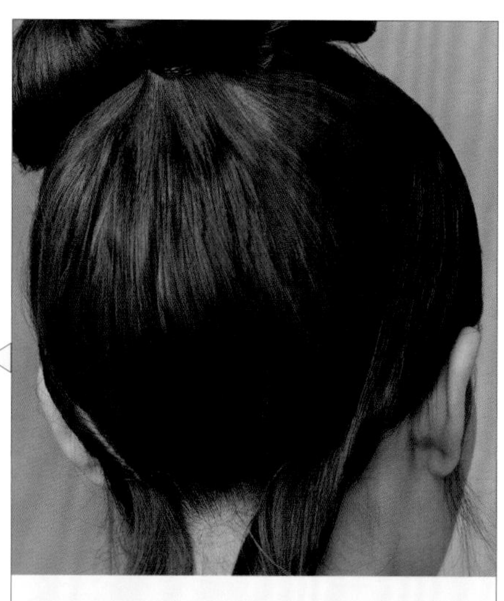

Tips

在将头发向后梳理并固定时，要注意后发际线和头发的贴合度，要尽量看起来自然。

Step 05　将前发区两侧头发的发尾合成一绺，以编三股辫的方式进行处理。

Step 06　将三股辫向上提拉至马尾扎结处并固定。

Step 07　选取适当长度的假发片，梳理通顺后在前区以斜侧的方式固定，对脸形加以修饰，形成三角形刘海儿。

Step 08　观察后发区发型的轮廓，向下调整顶区的发包，使其遮挡马尾扎结处，并确保其与后发区头发自然地结合在一起。

Step 09　取蝴蝶形发饰，将其错落有致地佩戴在头上，补足轮廓的同时，起到修饰的作用。调整鬓角处的发丝，使整体造型更理想，结束操作。

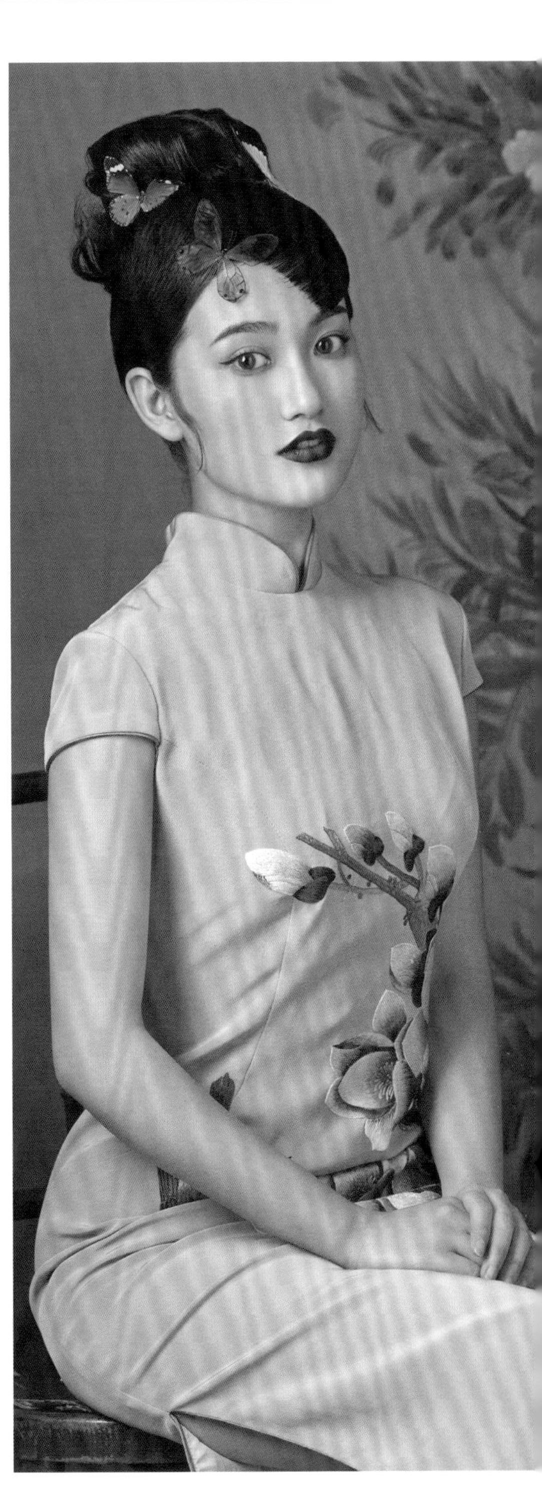

· 完成 ·

The End

端庄典雅中式发型

端庄典雅中式发型是日常婚礼中较为常用的发型样式。近年来，人们更青睐于采用这款发型，因为这款发型能塑造出更强的气势感和高贵感。

⇨ 造型要点

采用端庄典雅中式发型时，服装和配饰的选择可以适当夸张且具有张力，颜色也可更醒目些。服装配色以金色与红色为主，因为这两种颜色更能体现中式的传统感和吉祥寓意。唇色的选择多与服装相统一，以正红色为主。发型的造型手法表现更为极致，或极干净，或极复杂。

教程示范 1

Step 01　用25号卷发棒将头发整体烫卷，注意发丝的平整程度，避免出现碎发。

Step 02　将头发分为前发区、中发区和后发区，将中发区和后发区的头发扎成马尾。

Tips

在摆放卷筒时，注意规划好位置，使其形成一个整体。

Step 03　将中发区的马尾分成两份，梳理通顺后取其中一份头发做连续对卷。

Step 04　采用相同的手法处理中发区马尾的另一份头发，卷筒弯曲处可用定位夹进行固定，将连续对卷卷筒用一字卡固定好。

Step 05　后发区的马尾采用与中发区马尾相同的手法处理，注意轮廓的饱满度。喷干胶定型后取下定位夹并用U形卡固定。

Step 06　将前发区的头发中分，将右侧的头发均匀地向后梳理，遮挡分缝线，在耳后梳柄所示处用定位夹进行临时固定。

Step 07　将前发区右侧定位夹下方的头发编成三股辫。前发区左侧的头发采用与右侧相同的手法处理。

Step 08　将前发区两侧编好的三股辫沿耳后适当向上折，在顶区交会。

Step 09　在头顶三股辫交会处用U形卡固定。用螺旋扫蘸取啫喱，将前额处和鬓角处的碎发扫出S形纹理，并在纹理之间点缀大小不同的珍珠进行修饰。

Step 10　佩戴发饰，结束操作。

· 完成 ·

The End

教程示范 2

Step 01　用25号卷发棒将头发整体做平卷处理。卷烫时可采取横向去发片的方式，每一片发片在烫卷前用梳子梳理通顺，避免出现碎发。

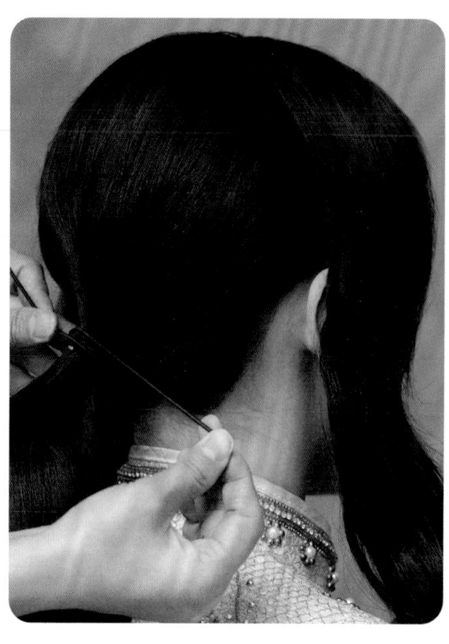

Step 02　沿耳尖延长线将头发分为前后两个发区。将后发区的头发扎成一条低马尾。

Step 03　将前发区的头发三七分（左三右七）。梳理刘海儿区的发丝至干净、平整状态，然后用手指调整刘海儿边缘的发丝，以修饰脸形。

Step 04　将前发区右侧的头发向后梳理至平整、顺滑的状态。注意，梳理完成后的发片应遮挡住前后发区的分缝线。

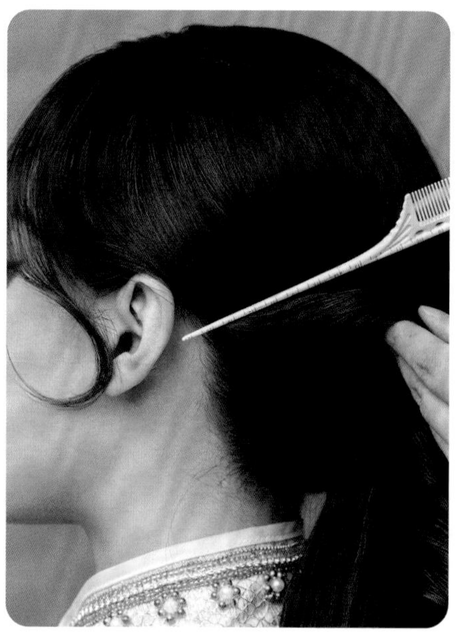

Step 05　前发区左侧的头发采用与右侧相同的手法处理，然后两侧的头发在耳后均做扣转处理。

Step 06　将前发区两侧头发的发尾在后发区马尾扎结处集中，与马尾结合在一起。从新马尾中取一缕头发。用梳子梳理通顺，根据头发形成的自然走向摆放出合适的纹理。

Step 07　将新马尾中剩余的头发梳理通顺，也摆出合适的纹理。

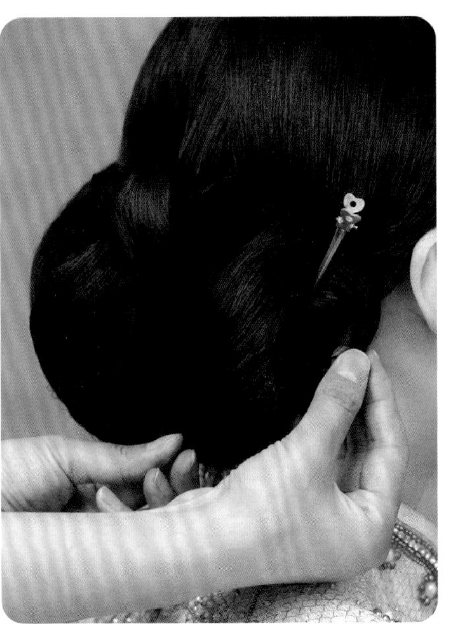

Step 08　用相同的手法处理发尾，形成一个形态饱满的低发髻。

Step 09　佩戴带有流苏的金色冠状发饰，结束操作。

· 完成 ·

The End

教程示范 3

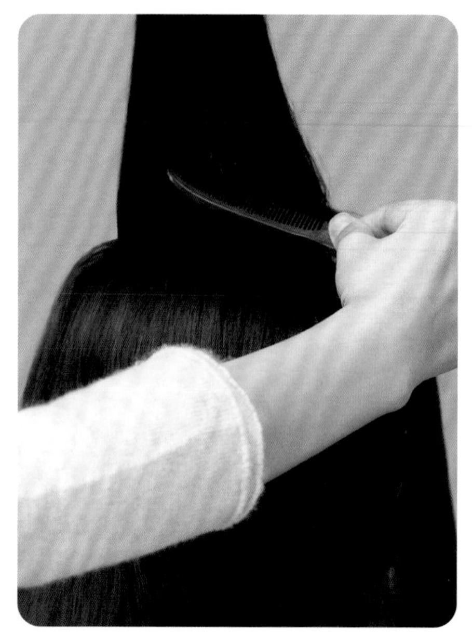

Step 01　将头发整体烫卷后沿耳尖上方做分缝线，使头发分为前后两个发区。沿发区分缝线在后发区部分分片做倒梳处理。

Step 02　用尖尾梳在后发区表面做整体梳理，使后发区轮廓饱满的同时表面更为平整。梳理时少量使用发胶是避免头发毛躁的关键。

Tips

在轻推出波纹时，需注意波纹对脸形的修饰作用，使其呈现出一定的高度。

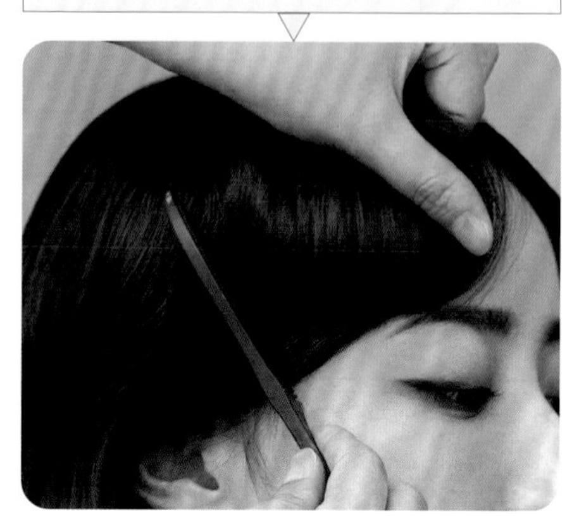

Step 03　将前发区的头发四六分（左四右六）。然后将右侧的发丝整体向后梳理，在额角处用食指与拇指轻推出片状波纹。

Step 04　额角处呈现的波纹用定位夹临时固定后喷发胶定型，然后将剩余的发丝连续地进行手推波纹处理，并同样以定位夹配合发胶定型。取后发区右侧的头发向上做卷筒。

Step 05　前发区左侧的头发做手推波纹处理，然后临时用定位夹固定并喷适量发胶定型。

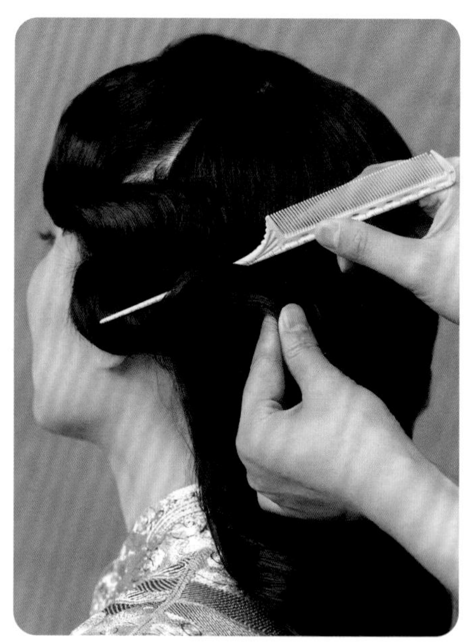

Step 06　待发胶晾干，用U形卡代替定位夹固定波纹。

Step 07　进一步整理后发区右侧的卷筒，调整其弧度和发尾。

Step 08　将后发区剩余的头发纵向分为若干个发片，将发尾向上做卷筒处理，使卷筒首尾相接，形成一个完整的低发髻。

Step 09　在左右两侧波纹处佩戴花朵发饰，结束操作。

· 完成 ·

The End

第 *6* 章

时尚晚宴造型

流光璀璨，高贵典雅，简约大方，所有人目光所至，只一次就再也移不开。今晚，你就是最耀眼的那颗星。

6.1 概述

荷玛团队在日常造型工作中会遇到新人各式各样的造型要求。一些海归新人对时尚晚宴造型更为钟爱，简洁、大气、优雅的造型能彰显女性的独立及高贵，却不会因浓妆艳抹而“增龄”。精致是这一造型的显著特点，无论是妆容、发型，还是服饰，都是如此，因而需要精雕细琢。服装、配饰并不排斥金属、水钻等元素，但前提是这些元素一定要精致。

6.2

妆容教程示范

时尚晚宴造型想要塑造的气质有时是干净利落的，有时是大气优雅的，重在体现精致感和高级感。与少女系造型或日系造型相比，时尚晚宴妆容更能体现女性的成熟美。在日常操作中，一般会把眼妆作为整个妆容需要重点突出的方向。整体妆容的颜色不会太过于粉嫩或明亮，而是会加入一些富有质感的咖色系、灰色系、棕色系等大地色系的颜色。

使用妆品

01 GIORGIO ARMANI Designer lift 粉底液（03#）
02 Benefit 柔润的芯遮瑕棒（02#）
03 GIORGIO ARMANI fluid sheer 高光提亮修颜液
04 MAKE UP FOR EVER 清晰无痕蜜粉
05 Shu Uemura 砍刀眉笔（01#）
06 M.A.C 眉毛定型液
07 NARS 裸色腮红（LUSTER）
08 NARS 限量 12 色眼影盘
09 NARS 双色眼影（CORDURA）
10 BOBBI BROWN 眼线膏（黑色）
11 Shu Uemura 如胶似漆眼线笔（黑色）
12 CLARINS 睫毛雨衣定型液
13 NARS 持色雾感亚光唇彩液（AMERICAN WOMEN）

操作要点

造型时应尽可能地保留模特本身的一些特色，做到扬长避短，并有选择性地进行重点刻画。如果一味地将妆容做得过多过满，则会显得刻板，失去高级感。本案例中模特的眼形有一些内双，这是模特自身的优势。把眼睛作为刻画的重点，运用小烟熏等手法进行打造，其他方向弱化，可使整体妆容显得更加精致。

操作过程

Step 01　在面部涂抹粉底液，提亮肤色的同时打造面部的立体感。

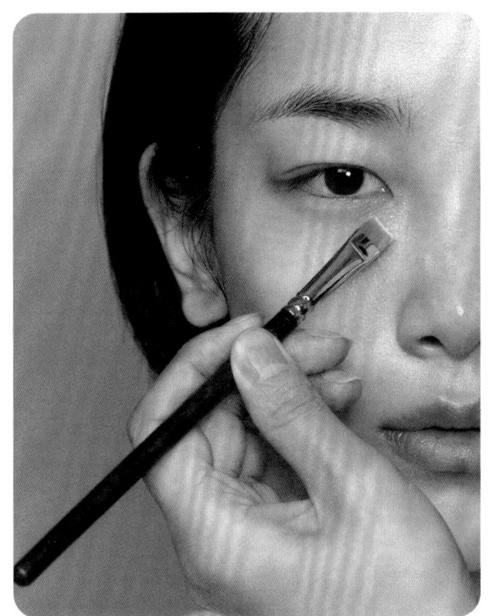

Step 02　用Benefit柔润的芯遮瑕棒在眼下黑眼圈位置涂抹，初步遮盖黑眼圈等瑕疵。

Step 03　用底妆铁饼刮取与肤色匹配的高光提亮修颜液，在面部平涂。

Step 04　用刷毛较松散的化妆刷蘸取MAKE UP FOR EVER清晰无痕蜜粉，以轻扫的方式进行定妆。

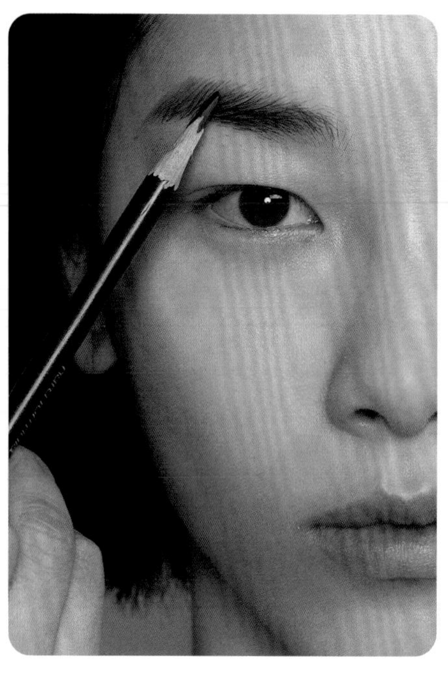

Step 05　用砍刀眉笔以排线的手法刻画眉形，适当突出眉峰并将眉峰后移，从视觉上突出内轮廓。然后用M.A.C眉毛定型液给眉毛定型。

Step 06　用NARS裸色腮红在内外轮廓交界线处以斜扫的方式进行晕染，提升气色的同时修饰面部轮廓。

Step 07　从NARS限量12色眼影盘中选取浅咖色微珠光眼影，在上眼睑处做基础打底。然后选取深咖色眼影自睫毛根部向上晕染至双皮褶皱线上方，以加强层次感。

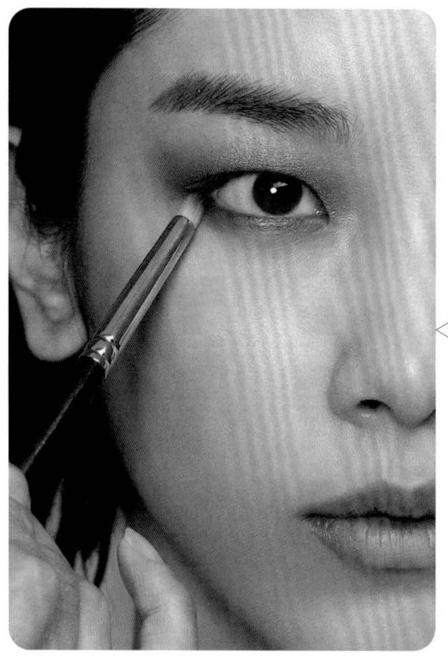

Step 08　用浅咖色微珠光眼影在下眼睑处做基础打底，然后用NARS 双色眼影中的黑咖色眼影加重眼尾，以增强层次感。

Tips

在处理下眼影时，需注意眼影的整体轮廓形态和晕染范围是否合适，应避免过度表现而影响妆面效果。

Step 09　用BOBBI BROWN眼线膏与Shu Uemura如胶似漆眼线笔搭配描绘上眼线和下眼线，上眼睑眼尾部分的眼线可适当加宽。

Step 10　用刷头较尖的眼影刷蘸取BOBBI BROWN眼线膏与Shu Uemura如胶似漆眼线笔，加深下眼影，虚化眼线的同时柔和眼妆。

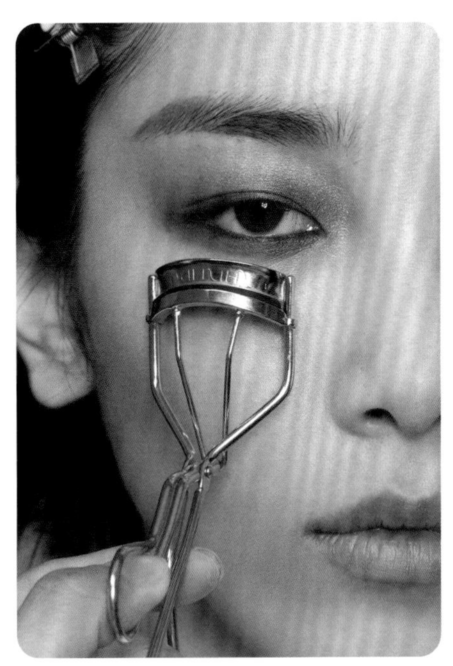

Step 11　根据模特眼睛的弧度选择合适的睫毛夹，由外向内分段夹翘睫毛，并用CLARINS睫毛雨衣定型液定型。

Step 12　用NARS持色雾感亚光唇彩液涂抹唇部，展现出妆容的高级感。注意唇边线不必过于清晰，结束操作。

发型教程示范

超短发发型

如今，短发发型大热。短发女生往往给人以清新、帅气的感觉，而染色的短发又会透露出一点性感和可爱。亚洲女性的发质整体偏粗硬、顺直，因此无论是在日常生活造型中，还是在较有仪式感的造型中，想要呈现出好看的短发造型，都需要对头发进行打理。新娘造型作为一款仪式感造型，如何将短发发型表达得大气且不显老气，是造型师一直在探索的问题之一。

⇨ 造型要点

做卷和打理是超短发发型的操作要点。用较简单的手法塑造出发型的轮廓感和纹理感，往往会让造型达到更好的效果。在造型前，用大号卷发棒适当将头发烫卷，所形成的纹理自然流畅，便于呈现出简洁大气的造型特点。

教程示范 1

Step 01　将前发区的头发三七分（左三右七）。用25号卷发棒将左右两侧的头发向前进行烫卷处理，将后发区的头发进行混合烫卷处理。

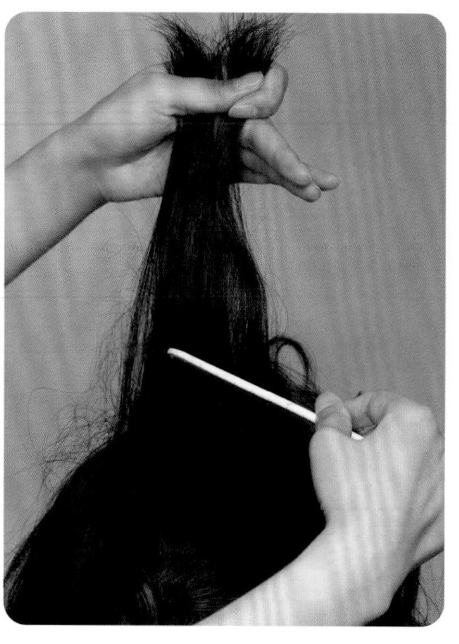

Step 02　将头顶的头发分片进行倒梳，使后发区的整体轮廓更为饱满。

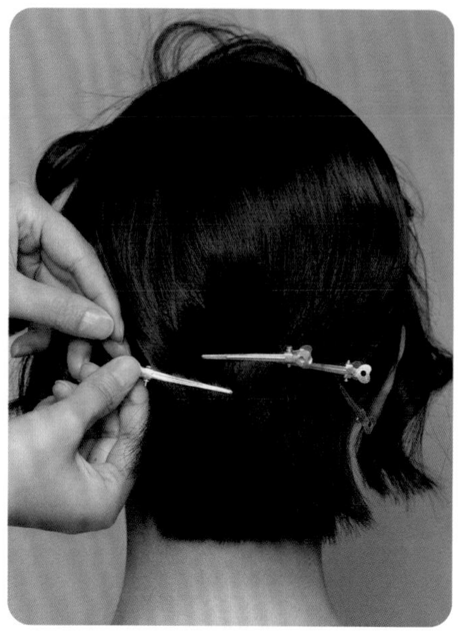

Step 03　将后发区头发的表面梳理整齐。用较轻的铝制定位夹在枕骨处以首尾相接的方式将后发区的头发固定好，喷少量发胶定型。

Step 04　用鬃毛梳按照头发的纹理走向将前发区右侧的头发向前梳理成平整的发片，注意发片对脸形的修饰作用。

Step 05　将前发区右侧的头发摆成波纹状，用铝制定位夹将头发按照波纹纹理走向固定，喷适量发胶定型。

Tips

注意，推出的波纹应带有一定的立体效果，避免平贴。

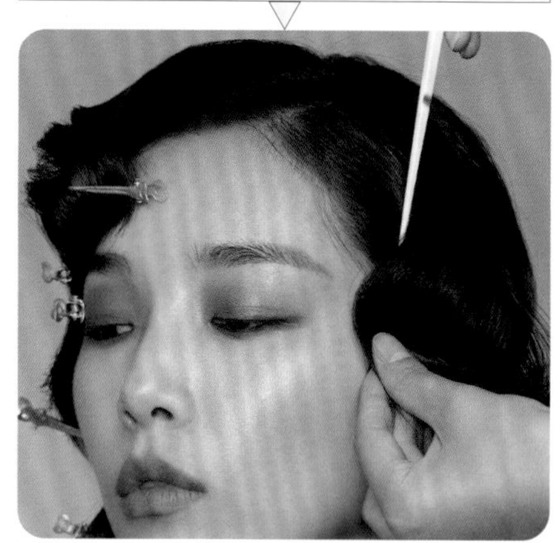

Step 06　前发区左侧的头发采用与右侧相同的手法处理。

Step 07　用定位夹将前发区左侧梳理好的波纹固定好，喷适量发胶定型。

Step 08　待发胶晾干，取下定位夹，佩戴帽饰。在佩戴帽饰时，注意不要破坏之前塑造出的纹理，结束操作。

· 完成 ·

The End

教程示范 2

Step 01　横向取发片，分层固定。用22号卷发棒将底层头发的发尾烫卷。

Step 02　取第2层头发，由左右两侧向中间做外翻处理，每片头发的发量不可过多。

Step 03　取第3层头发，将头发平均分成若干发片，并将发片进行水波纹式卷烫处理。卷烫时注意，发片与卷发棒需垂直，以保证波纹的起伏度合适。

Step 04　将前发区的头发三七分（左三右七）。用25号卷发棒将两侧的头发烫卷。

Step 05　用手指将烫好的头发理出大致轮廓。然后按照头发的轮廓走向将头发打理松散，使发型的轮廓更饱满。

Tips

在提拉发丝时注意，发丝的纹理走向需要和发型整体的走向一致，避免凌乱。

Step 06　将顶区的头发轻轻提起，喷发胶定型，使顶区更有空气感。顶区头发的调整往往具有拉长脸形的作用。

Step 07　从各个角度观察模特的发型轮廓，在发型轮廓不饱满处调整发丝，喷发胶定型。

Step 08　佩戴较为夸张的耳饰。

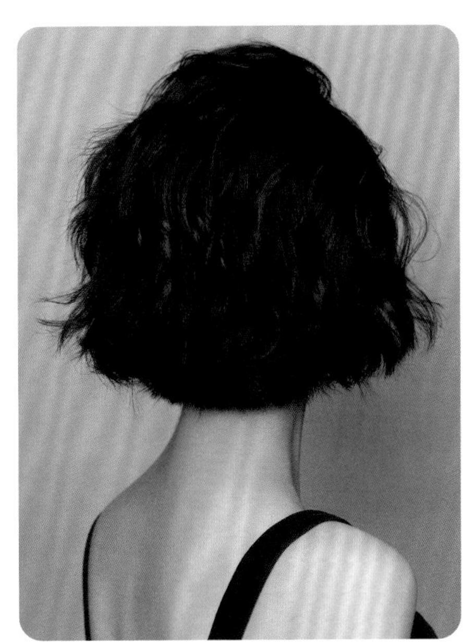

Step 09　从背面观察发型的整体轮廓，调整头发，营造出自然的纹理感，结束操作。

· 完成 ·

The End

教程示范 3

Step 01　将前发区的头发三七分（左三右七），可采用C形分缝线，如此可使发型整体显得更为柔和。

Step 02　将前发区右侧的头发用定位夹暂时固定，调整顶区的头发，使其呈现出一定的空气感，并起到修饰脸形及补足轮廓的作用，喷发胶定型。

Step 03　将刘海儿区的碎发调整出一定的弧度，置于额前，使头发的边缘虚化，发型显得更柔和。

Step 04　从后发区取头发，向右侧扣转后固定，体现出纹理感，注意发型弧度的流畅性。

Step 05　用卷发棒将后发际线附近的发尾做出上翻的效果，并使其正面可见。

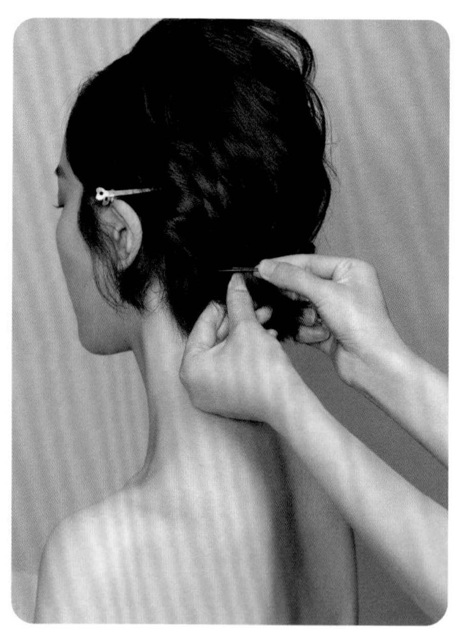

Step 06　将前发区左侧的头发梳理通顺后用定位夹在左耳上方暂时固定。将后发区的头发采用两股拧转或扣转的方式处理，使其形成一定的纹理感，用一字卡固定。

Tips

注意，鬓角处的头发要适当烫卷，以体现整个发型的轻盈感，不可过度处理。

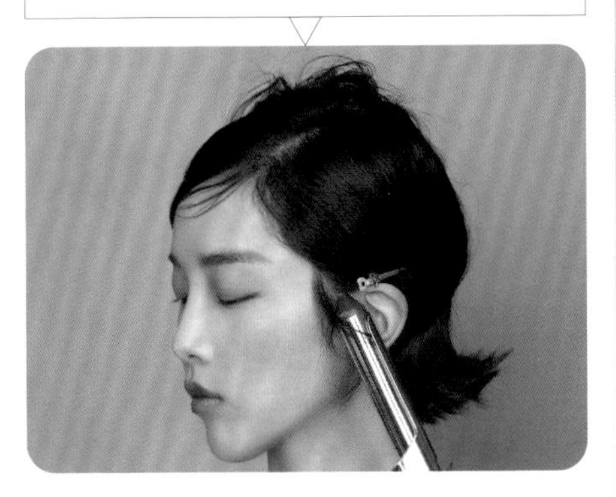

Step 07　用卷发棒将鬓角处的头发向下外翻烫卷。

Step 08　观察发型，取下定位夹，在合适的位置佩戴发饰，进一步调整细节处的头发。

Step 09　从背面观察发型的整体轮廓，调整轮廓不饱满处的头发，喷发胶定型。

· 完成 ·

The End

极致轮廓感发型

发型轮廓感的极致体现是打造时尚晚宴发型的要素之一。为了突出造型的高贵感与优雅感，饰品的搭配也需要做到尽量简洁。由于饰品较少，发型本身一旦出现问题也很容易被曝光，因此更加考验发型师发型轮廓的塑造能力。

⇨ 造型要点

我们一般倾向于将发型轮廓处理成圆润的弧形，因此在完成一个发型后，需要从多个角度观察发型的整体轮廓，发现有凹陷和缺失的部分需要补齐，发现有突出的部分要及时用工具收紧，这样才能保证轮廓圆润、发型完整。

教程示范 1

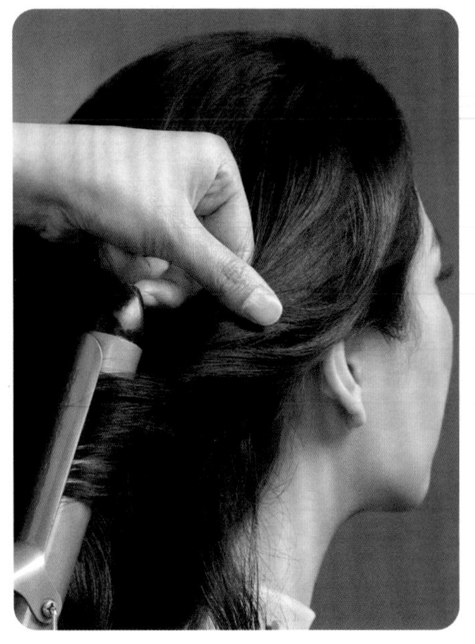

Step 01　用25号卷发棒将头发整体外翻烫卷。在烫卷头发前，要对头发进行梳理，避免毛躁。

Step 02　将头发梳理通顺，以两侧耳尖为基准点做前后分区连接线，将头发分为前后两个发区。

Step 03　将前发区的头发横向分为3~4片，在每片头发的根部进行倒梳，使前发区的头发更蓬松。

Step 04　将前发区的头发暂时固定。将后发区的头发整体梳起，拧转后形成一个小发髻，将发尾从左侧甩出，用一字卡在拧转处固定。

Step 05　用手指代替梳子将前发区的头发向后梳理，以增强头发的立体感。然后在接近后发区小发髻处扣转，将发尾从左侧甩出。

Tips

在调整前发区的头发时，注意发丝的走向是斜向后的，并且要确保发丝从正面可见。

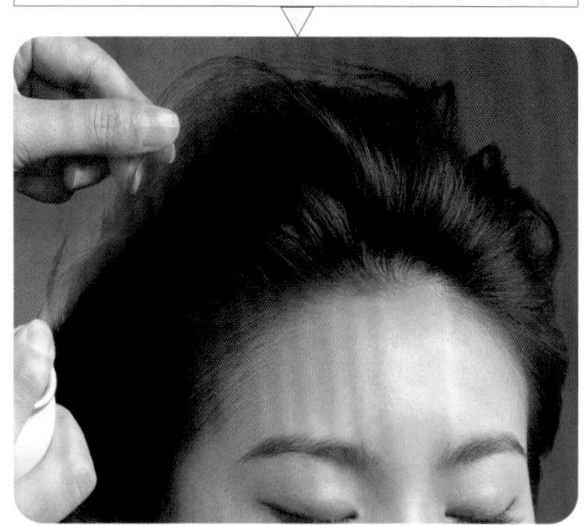

Step 06　在前发区头发扣转处固定。正面调整前发区的头发，喷发胶定型。

Step 07　将前发区留出的发尾自左侧向右与之前形成的小发髻进行衔接，使之成为一个整体。

Step 08　调整全部散落的发尾，将边缘处用手拉松并喷发胶定型，结束操作。

· 完成 ·

The End

教程示范 2

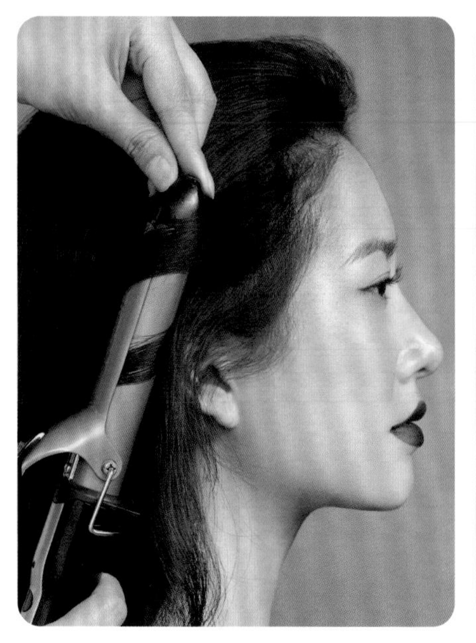

Step 01　用25号卷发棒将头发整体外翻烫卷，边卷边放，让头发形成自然流畅的纹理。

Step 02　以两侧耳尖的连接线为界将头发分成前后两个发区，并将前发区的头发暂时固定。

Step 03　用大号板梳将后发区的头发梳理整齐，表现出头发的光泽感和质感。

Step 04　自后发区顶部横向取发片并倒梳。

Step 05　将后发区头发的表面梳理干净，将后发区的所有头发扎成一条干净的低马尾。

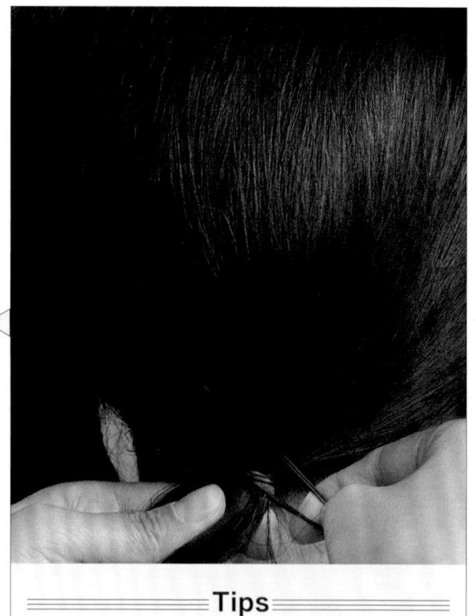

Tips

在扎马尾时，注意马尾不可扎得过低，同时后发区轮廓的饱满程度要理想。

Step 06　将前发区的头发三七分（左七右三），从右侧取发并用手指代替梳子向后梳理，在耳后靠近枕骨处对头发做较为松散的两股拧转处理。

Step 07　前发区左侧的头发采用同样的手法处理。然后使前发区左右两侧的发尾在后发区马尾结点处与马尾衔接在一起，用U形卡固定。

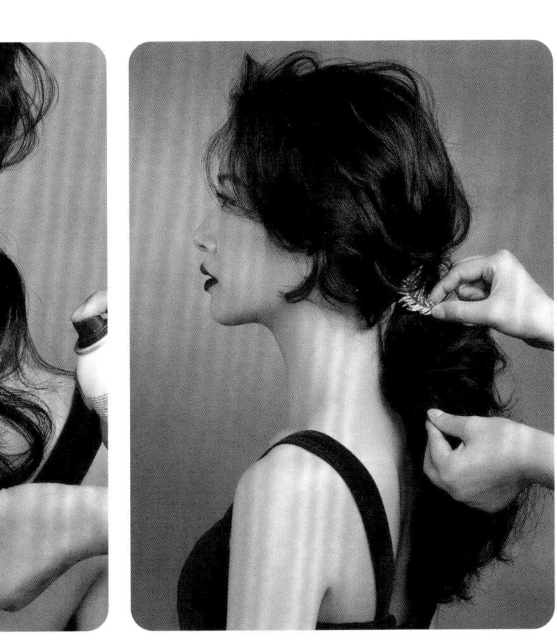

Step 08　整理后发区形成的新的低马尾，沿纹理轻拉头发并喷发胶定型，使马尾体积增大且蓬松感增强。

Step 09　选择金属质感的带水钻的饰物，在发型纹理交会处进行点缀，进一步突出造型的风格。结束操作。

· 完成 ·

The End

教程示范 3

Step 01　用25号卷发棒将头发整体做平卷处理。注意卷发棒的温度要合适，且发根部分的卷烫效果也要合适。

Step 02　将烫好的头发整体用大号板梳（不带鬃毛）自上而下进行梳理。一边梳理，一边用左手按压，以辅助头发保持卷度。

Step 03　以直线分缝线将前发区的头发三七分（左三右七）。用板梳将左侧的头发斜向上梳，注意波纹的平整程度。

Step 04　用鸭嘴夹暂时固定纹理，然后观察头发整体的纹理情况，沿颈部做较大的手推波纹。

Step 05　采用相同的手法梳理前发区右侧的头发，做出纹理后调整顶部和脸颊处的头发，以修饰脸形。

Tips

在进行操作时，要注意调整左右两侧头发的蓬松度，确保其呈现出明显的视觉对比效果。

Step 06　调整边缘处的头发，以增强发型的轮廓感和灵动感。

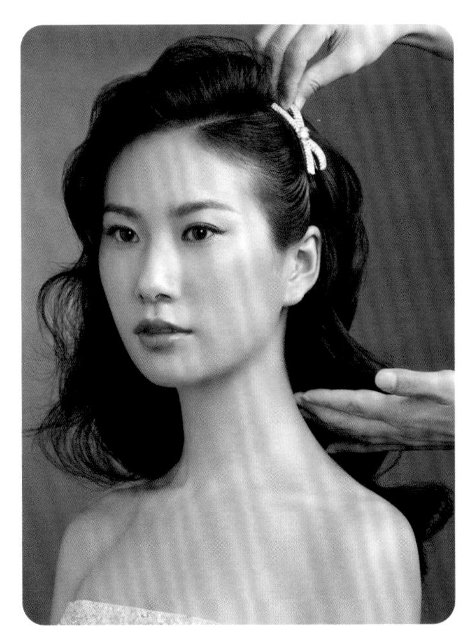

Step 07　取下临时固定头发用的鸭嘴夹，佩戴银色水钻蝴蝶结发饰。

Step 08　为使后发区的波纹状纹理更加明显，可采用轻喷发胶后用瓶身轻压的方式对头发做进一步处理。这样也可以收整碎发。

Step 09　轻喷发胶定型，结束操作。

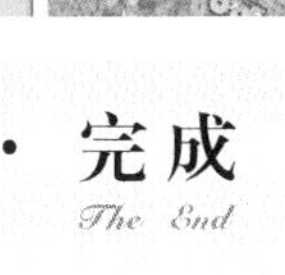

· 完成 ·

The End

纹理包发发型

包发是造型的基础手法，也是较考验造型师尤其是新娘跟妆师基本功底的手法之一。初级的包发为干净、紧致的单包和双包，在生活美妆造型中较常见，显得较为刻板、生硬。时下的包发应该注意虚实结合，带有空气感及具有丰富的纹理感才能迎合当代人对造型的审美要求。

⇨ 造型要点

包发造型的重点在于“包”的制作过程。可选用的制作方法有很多，如单片发片梳理后卷筒拼凑、后发区部分发片倒梳后逐层叠加，以及前发区部分发片倒梳后拧转前推等。在发包的制作过程中，倒梳、下夹等基本手法虽然简单，却是决定发型成败的关键。

教程示范 1

Step 01　用25号卷发棒将头发整体外翻烫卷，边卷边放，使纹理更好看。

Step 02　预留出顶区及两侧发区的头发，在后发区以黄金点为中心取出一缕头发，拧转后收整成一个小发髻，用一字卡固定。

Step 03　在顶区取与发髻宽度相当的发片，横向分层并依次倒梳，以增强顶区的轮廓感。

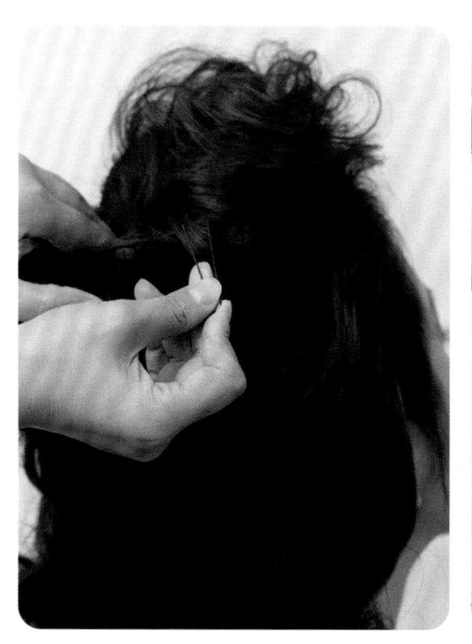

Step 04　将倒梳后的顶区头发拧转，整体向前推并用U形卡在拧转处固定。

Step 05　将前额的部分头发抽松，呈现出适当的空气感。将右侧发区预留的头发统一向黄金点处梳理。若发量过少可适当倒梳，然后在黄金点处扣转，使之与小发髻衔接，用U形卡固定。

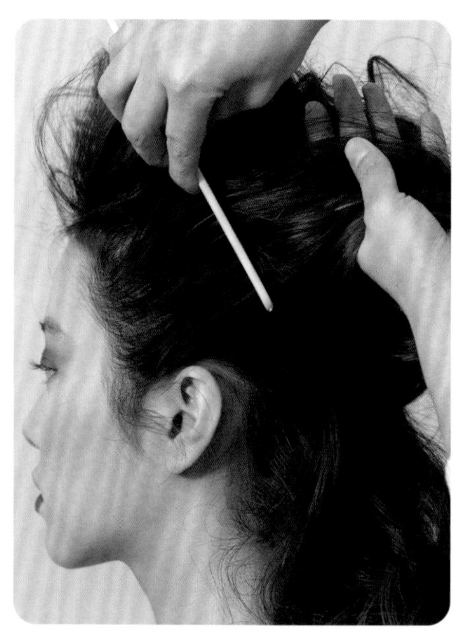

Step 06　左侧发区预留出的头发采用与右侧发区相同的手法处理。

Step 07　调整黄金点周边的头发，使发型轮廓更饱满，喷发胶定型。

Tips

这款发型的处理重点在于对发型整体的把控。操作完之后，要使其看起来浑然一体，呈现出饱满的状态。

Step 08　将后发区剩余的全部头发整体向上梳理。若发量较少，可适当倒梳，然后在黄金点处拧转后固定。结束操作。

教程示范 2

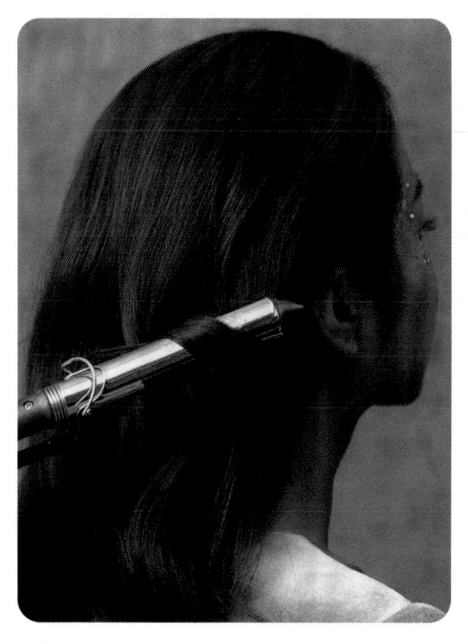

Step 01　用22号卷发棒将头发外翻烫卷，边卷边放。

Step 02　用双手代替梳子梳理顶区的头发，梳理的方向为向后且向中间聚拢。

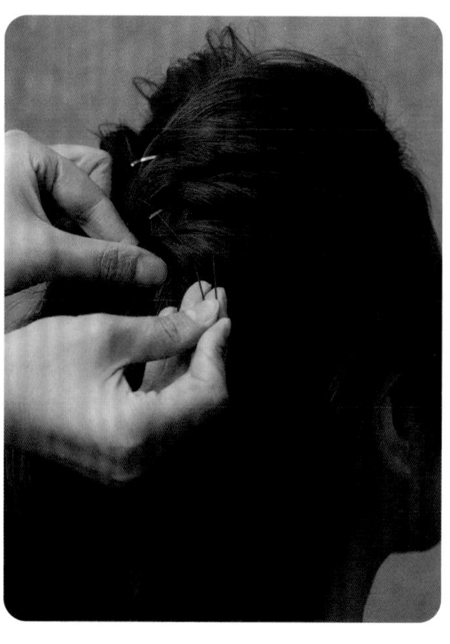

Step 03　梳理后顶区的头发会形成自然的纹理。观察这些纹理，选取适量头发，轻微拧转后固定。

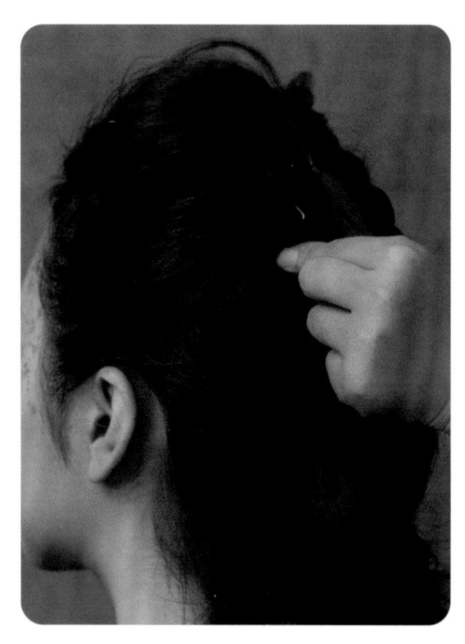

Step 04　左右两侧的头发可按照纹理的自然形态一前一后地选取发片，向后扣转并固定。

Step 05　将顶区及左右两侧头发的发尾聚拢，进行两股拧转处理。

Tips

将拧转后的头发向上翻转固定可对后发区起到填充的作用，要注意确保发髻自然。

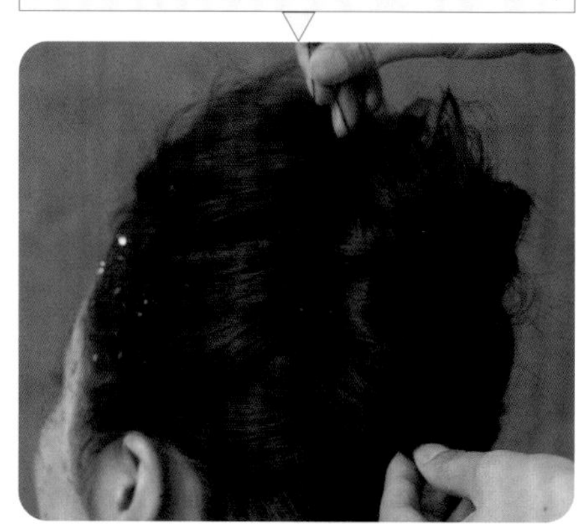

Step 06　将两股拧转后形成的发辫向上翻转，使其在黄金点处形成圆形发髻，用U形卡固定。在左右鬓角处洒上一些金片。

Step 07　将剩余的头发进行两股拧转处理，纹理形态可适当表现得紧致一些。

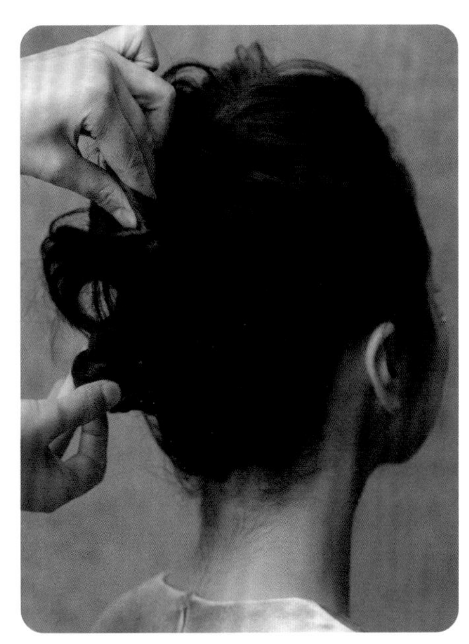

Step 08　将两股拧转后的发辫向上做8字拧转处理，向上固定，使之与上半部分形成的发包相衔接。结束操作。

· 完成 ·

The End

教程示范 3

Step 01　选择25号卷发棒，将头发外翻烫卷，边卷边放，以增强头发的竖向纹理感。

Step 02　从头顶分出一片U形区域的头发，使头发整体形成两个发区。

Step 03　将头顶预留出的头发在根部倒梳，连接成发片后向右侧梳理，使发片表面平整，同时在顶部形成高刘海儿样式。将发尾部分做连续卷筒处理并固定。

Step 04　将后发区所有的头发梳理通顺，扎成一条低马尾。

Step 05　将马尾均匀地分为上下两份。将上面一份头发梳理干净，根据头发自然形成的纹理摆成发卷并用定位夹固定。

Step 06　将上面一份头发的发尾梳理整齐后摆成第二个发卷，与之前摆放出的发卷衔接，用U形卡固定。

Step 07　将马尾中下面一份头发梳理整齐。

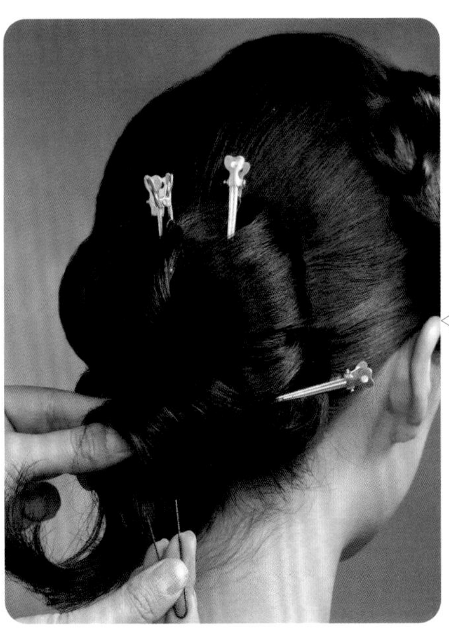

Step 08　马尾下面一份头发采用与上面一份相同的手法处理，形成一个花苞状的发髻。

Tips

在制作花苞状的发髻时，由于不同的人发量不同，因此分取头发的量也会有所不同。

Step 09　用U形卡固定扣转好的头发，留出发尾。在适当的位置佩戴发饰，进一步调整发丝纹理，结束操作。

· 完成 ·

The End

第 7 章

经典复古造型

把时光的遗迹穿在身上、戴在指上、别在发梢……就好像岁月被上了锁，一点一点，把幸福都留在了光阴里。复古不止是对过去的热爱，更是最长情的告白。

概述

复古是一段时光的缩影，其涵盖的信息量大，包罗万象，并且有增无减，值得大家去发现、研究、探索、品味。作为造型师，我们在此研究的对象仅为妆容、造型、基本的服装搭配。了解年代演变是研究复古造型的开始，过往的每个时期都有其特有的妆容、发型、服装特点。把握每个时期的复古特点，发现它们之间的联系与演变，找到我们用以创作的要素，这是一件非常有趣的事情，同时也是一个需要长期训练的过程。20世纪20年代至50年代的复古造型风格在现今的造型工作中运用得较多，也值得我们去学习和积累。

7.2

妆容教程示范

妆容会受到很多因素的影响，每个时期的复古妆容不尽相同。作为造型师，研究和了解不同时期复古妆容的特点和背景因素是一堂必修课。在日常美妆造型的过程中，我们需要了解每个时期不同妆容的特点，并将其运用到自己的作品中，运用的量和度可以由自己把握。如果不是为了完全还原那个时代的妆容，大可不必照搬照抄，这样更有利于形成自己的风格。

⇨ 使用妆品

01 BOBBI BROWN 妆前柔润底霜
02 MAKE UP FOR EVER 复活焕彩粉底液（Y218）
03 MAKE UP FOR EVER 丝绒无瑕持妆粉底霜（R215）
04 CHANEL 四色亚光眼影（268#）
05 BOBBI BROWN 眼线膏（黑色）
06 HOMA 星级定制款睫毛（组合款）
07 Shu Uemura 砍刀眉笔（01#）
08 TOM FORD 修容粉饼（01 Gold Dust#）
09 3CE 丝绒亚光雾面唇釉（Childlike#）
10 ARMANI 丝绒唇釉（400#）

⇨ 操作要点

复古妆容的底妆效果一般情况下是比较白皙的，且结合当前的审美和流行趋势，通常会处理得相对轻薄并且富有立体感一些，只是针对某些时期底妆会偏厚重一些。在复古妆容中，眉毛、眼睛、嘴巴都是可以重点打造的部分，有针对性地选择1个或2个点进行重点描画，更容易体现出造型的高级感。

⇨ 操作过程

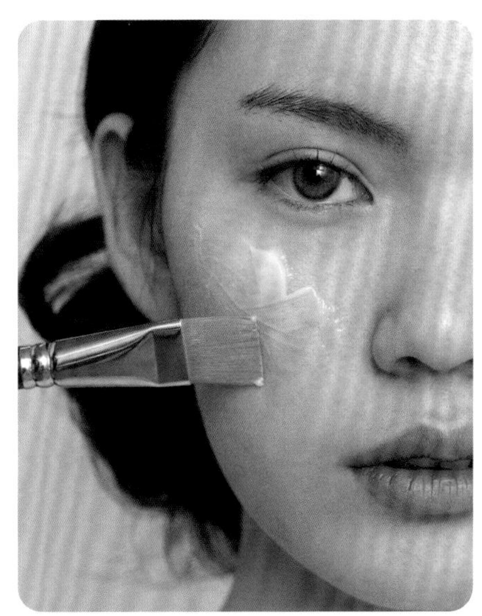

Step 01　对眉毛进行初步修整。取适量BOBBI BROWN 妆前柔润底霜涂抹于面部，并用平头粉刷均匀涂刷开，滋润皮肤的同时更方便上底妆。

Step 02　将MAKE UP FOR EVER系列的复活焕彩粉底液与丝绒无瑕持妆粉底霜混合，用粉底刷将其由内而外均匀地涂抹于面部。

Step 03　用眼影刷蘸取CHANEL四色亚光眼影中的浅咖色眼影，在整个眼窝范围内晕染，注意使边界线虚化。然后选择深一色号的眼影加深层次。

Step 04　用BOBBI BROWN眼线膏以三角形画法刻画上扬式复古眼线。

Tips

这里建议用速干型眼线膏进行刻画，避免用容易反光的液态眼线。

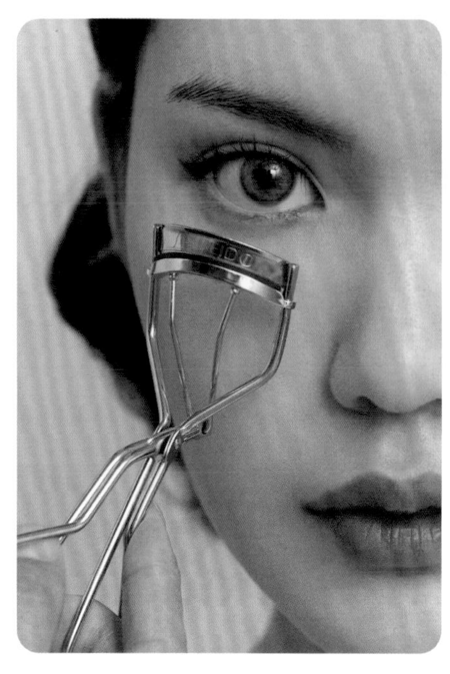

Step 05　根据模特的眼睛形状选择弧度合适的睫毛夹，将睫毛夹至自然上扬的状态。

Step 06　选择HOMA星级定制款睫毛中的下睫毛，在下睫毛的空隙处进行分段粘贴，以增加眼部神采。

Step 07　用Shu Uemura砍刀眉笔刻画棱角相对分明的复古眉形，然后用排线的手法填补空隙，并在轮廓缺失处增补毛流。

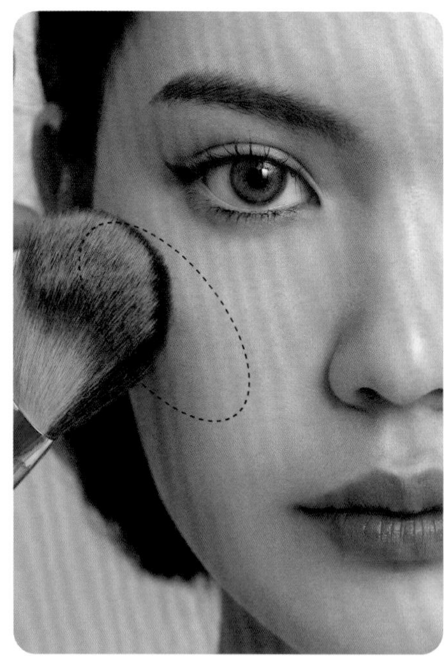

Step 08　用TOM FORD修容粉饼代替腮红在内外轮廓交接线以外的颧骨处斜向轻扫，打造出轮廓腮红的效果。

Step 09　调和3CE丝绒亚光雾面唇釉与ARMANI丝绒唇釉。用唇刷蘸取调和好的唇釉，在上唇部分以M形进行刻画，结束操作。

Tips

在对唇部进行处理时，唇峰可以处理得方硬些，下唇为饱满的弧形或船底形，使其整体呈现出复古、精致的感觉。

· 完成 ·

The End

发型教程示范

奢华复古发型

奢华复古发型借鉴的是20世纪20年代的造型，当时人们的生活方式发生了巨大的变化，服装造型都有显著的特点——独特、夸张和奢华。服装修饰以珍珠、闪钻、亮片、羽毛为主，线条流畅且制作精良。以下案例中出现的造型服饰大多是当时遗留下来的，但造型上没有完全照搬当时细密的小波纹及短发元素，而是以现代审美为切入点，打造出奢华复古又不失时尚的造型效果。

⇨ 造型要点

复古往往给人的感觉是有女人味儿的、有气势的且有张力的。在造型过程中，我们可以清楚地找到复古发型的重点和表达的方向，但并不需要将所有的方向都处理到，只重点处理1~2处即可，这样才能表现出主次关系，才不会让造型显得生硬，或者过于老气。

教程示范 1

Step 01　用25号卷发棒将所有头发进行平卷处理。然后初步梳理，使头发的走向基本顺畅。之后用拇指与食指固定刘海儿区右侧的头发，向前额处推，制造出第1个波纹，在图中所示梳柄处用定位夹固定。

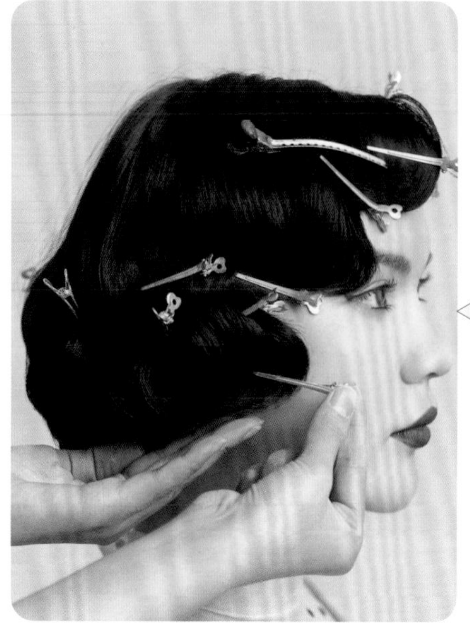

Step 02　重复Step 01的操作，分别在太阳穴位置和脸颊位置推出第2个和第3个波纹，用定位夹固定。

Tips

在处理波纹时，需注意波纹的整体弧度要合适，使其呈现出自然流畅的线条效果。

Step 03　将后发区所有头发分为上下两层，将每一层再竖向分成3个或4个发片。将分出的发片做成卷筒，错落式地进行摆放，用小号定位夹进行固定。

Step 04　观察由卷筒形成的低发髻，使最底层的卷筒尽可能地与发际线贴合，用小号定位夹固定，保证从侧面观察发型时没有空隙感。

Step 05　刘海儿区左侧的头发采用与右侧相同的手法处理，使额角与脸颊处形成两个波纹。

Step 06　正面观察两侧手推波纹的具体形态，适当进行调整，使波纹起到修饰脸形的作用。如果波纹较小，可适当向内轮廓移动。

Step 07　对头发整体喷发胶定型，待发胶晾干后取下定位夹。

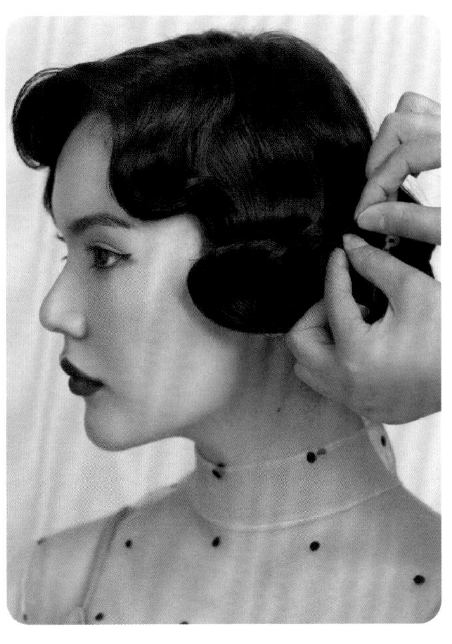

Step 08　观察发型，视情况用一字卡或U形卡代替定位夹将波纹固定好。

Step 09　调整后区的头发，用一字卡固定所形成的纹理。

Step 10　佩戴发饰，结束操作。

· 完成 ·

The End

教程示范 2

Step 01　以左右耳尖的连接线为分界线，将头发分为前后两个发区。将后发区的头发扎成低马尾。扎马尾时注意留出可以向上做内扣翻卷的发尾。

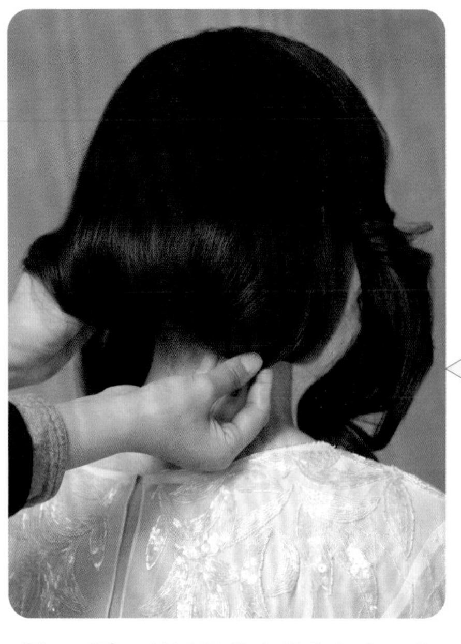

Step 02　以马尾结点处为起点，将扎好的马尾向上内扣翻卷至后发际线位置，用一字卡固定在最底层的头发上，在后发区形成一个低发髻。

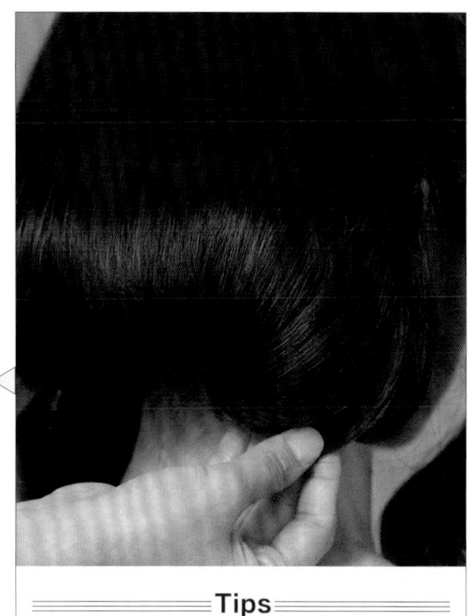

Tips

在将扎好的马尾向上内扣翻卷时，需确保头发表面干净、光滑，一边向内扣，一边调整头发整体的弧度。

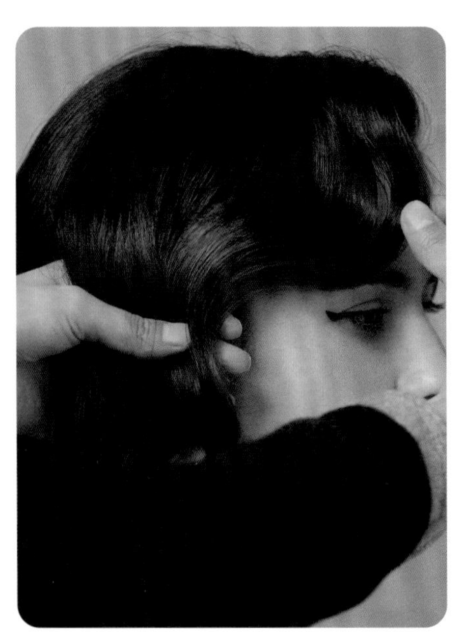

Step 03　前发区右侧的头发烫卷后呈片状且呈现出自然的纹理弧度。用左手将发片固定，右手将位于额角处的波纹向前拉扯，使波纹效果更加明显。

Step 04　用左手大拇指与食指压住额头区域的头发，使其形成一个弧度，然后用尖尾梳的梳柄将下方的发片向后移动，使其形成一个波纹。

Step 05　脸颊附近的头发采用同样的手法进行处理。用定位夹将手推波纹固定好。

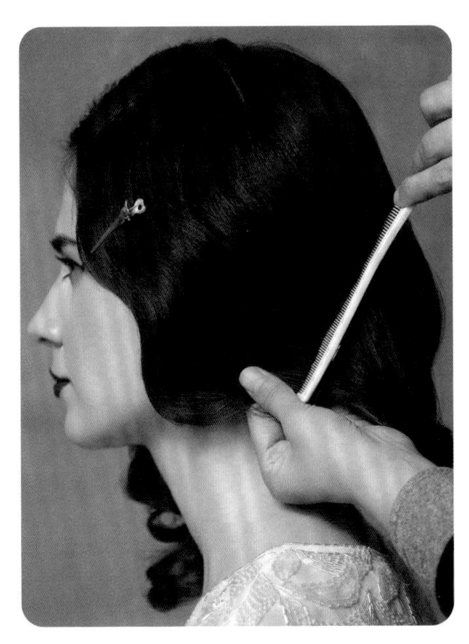

Step 06　前发区左侧的头发采用与右侧相同的手法处理，使发片在额角与脸颊处形成两个纹理自然的较扁平的波纹。

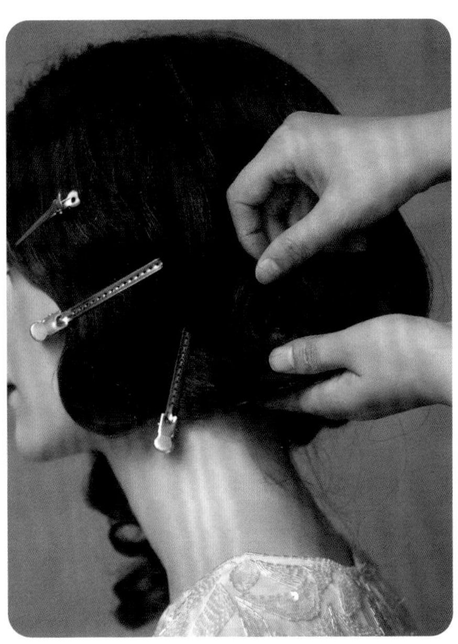

Step 07　用定位夹将发片形成的波纹加以固定，然后将发尾做成卷筒，再将卷筒与后发区的低发髻进行衔接。

Step 08　轻喷发胶，待发胶干后，取下用以固定的定位夹。检查不伏贴处并用U形卡固定。

Step 09　佩戴额饰，结束操作。

· 完成 ·

The End

优雅复古发型

本部分想要展示的是20世纪40年代到50年代的主要造型风格。这个时期被称为最优雅的时代，妆容含蓄婉约，发型的波纹更缓和流畅。这类造型搭配的服装多采用创新的立体化剪裁和精细的手工工艺，如A字裙等。重新演绎高贵典雅风，展示女性的柔美曲线。帽子、手套、套装的出现成为该时期的一大显著特点。

⇨ 造型要点

复古发型的塑造是有规律可循的，但在规律之下也存在许多变化。以手推波纹为例，棱角分明的手推波纹气势感很强，妩媚但会略显生硬和成熟，较大的纹理波纹则会显得柔美婉约，极为扁平的手推波纹会显得特别。这些波纹的不同表现形态会带给我们不同的感受，它们没有优劣之分，只是看其是否适用。

教程示范 1

Step 01　用25号卷发棒对头发整体做平卷处理。卷烫时注意，每一片头发都应干净、平整，且尽可能烫卷至发根处。

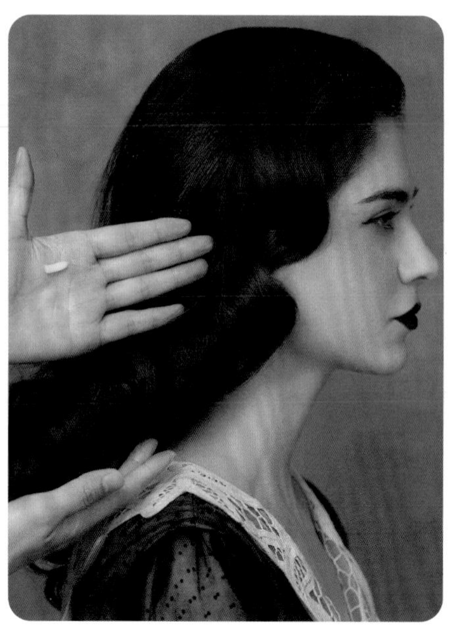

Step 02　将头发整体梳理通顺。然后根据发量及发长取适量质地较为轻薄的发蜡整体收整碎发。

Step 03　在额头发际线、额角、鬓角、后发际线处重点收整碎发。

Step 04　用大号气垫梳整体梳理头发，把头发梳理通透并使头发连接成片。

Step 05　用尖尾梳调整前发区右侧的细节，使其更具波纹感。

Tips

此类发型前发区的S形波纹感尤为重要，调整时要特别注意头发对脸形的修饰作用。

Step 06　将前发区左侧的头发用尖尾梳由发际线斜向上向后梳理。

Step 07　用鸭嘴夹在左耳上方进行固定，注意一定要夹紧。用大号气垫梳将后发区的头发梳理成波纹状。

Step 08　轻喷发胶定型，取下鸭嘴夹。用尖尾梳进一步整理后发区波纹的细节，尽可能使波纹呈现出统一起伏的纹理效果。

Step 09　根据波纹自然起伏的纹理轻喷发胶，用大小合适的发胶瓶身在波纹处轻轻按压，使波纹呈现出更干净的纹理感和立体感。结束操作。

· 完成 ·

The End

教程示范 2

Step 01　对头发整体进行平卷处理。在顶区取一缕头发，依次横向倒梳。

Step 02　将倒梳后头发的表面梳理干净，用小号定位夹固定，使发根有足够的支撑能力。将发尾做卷筒处理。

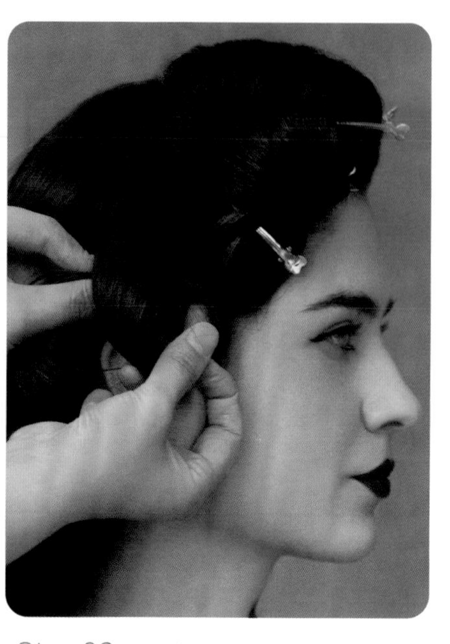

Step 03　用定位夹固定卷筒。取右侧额角处的头发，做连环卷筒处理，使其与之前的卷筒相衔接。

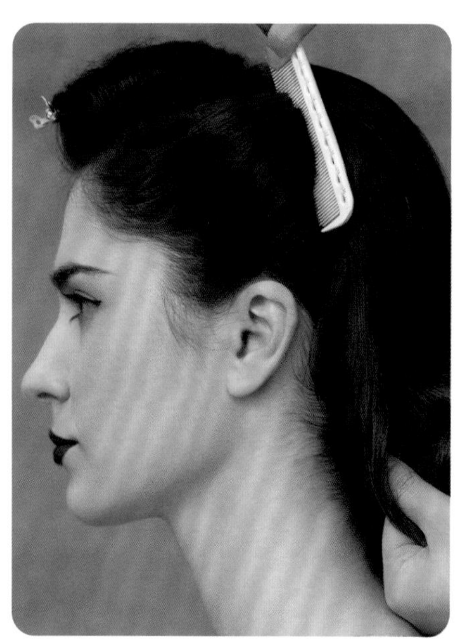

Step 04　对左侧额角处的头发斜向上向后梳理。

Step 05　用鸭嘴夹在左耳上方固定。用倒梳的手法保证后发区轮廓的饱满程度，将表面梳理干净后观察纹理，在枕骨区附近的波纹处用鸭嘴夹以首尾相接的方式进行固定。

Tips

固定卷筒时可以以右手向上轻托的方式将卷筒固定紧后，再用鸭嘴夹做进一步固定。

Step 06　将后发区鸭嘴夹以下部位的头发用气垫梳梳理通顺，然后自右侧开始做上翻卷筒处理并固定。

Step 07　在后发区下方依次取发片并向上做卷筒，并使卷筒形成一个整体，用一字卡以分段的方式将卷筒进行固定。

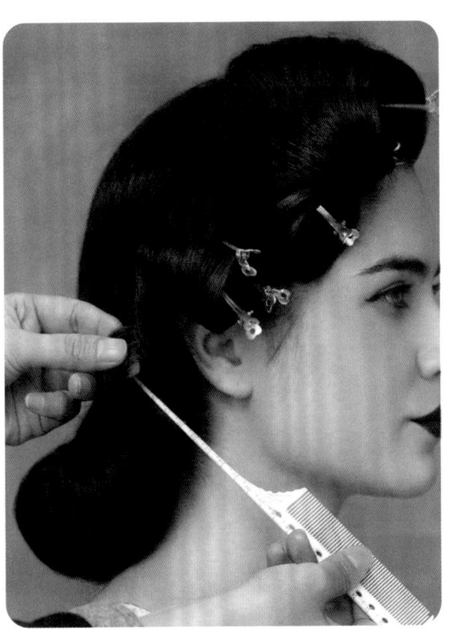

Step 08　将右侧耳后预留出的一片发片根据发流自然形成的纹理梳理平整，与后发区的卷筒自然衔接并固定。

Step 09　全方位观察发型轮廓及完整度，确保效果理想之后取下鸭嘴夹。

Step 10　佩戴发饰，结束操作。

· 完成 ·

The End

教程示范 3

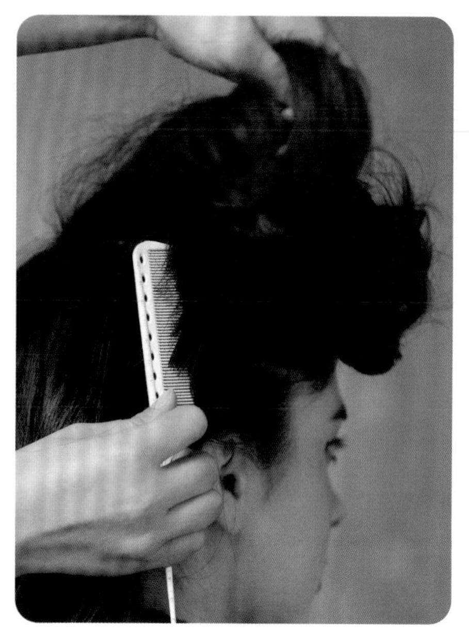

Step 01　将头顶区域的头发分出，使头发呈现上下两个发区。从下半区头发鬓角处竖向取发片，倒梳，以增加侧发区的饱满度，但轮廓不宜过大。

Step 02　将下半区头发整体分为左右两个部分。从左半部分头发中竖向取发片，倒梳后向右做拧包操作处理，用一字卡固定，留出发尾。

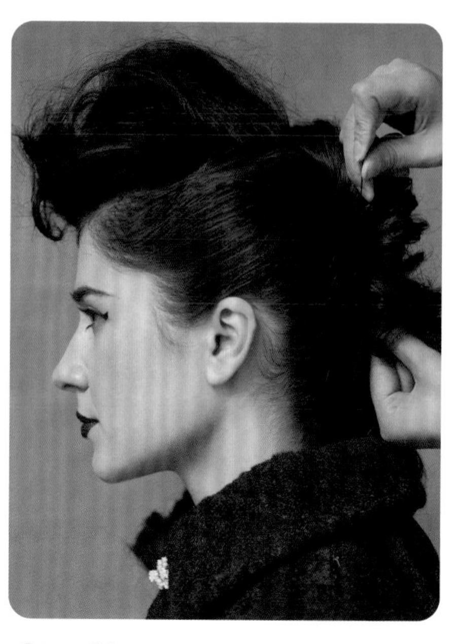

Step 03　左半部分发片留出的发尾用U形卡在拧包上方固定，以增强拧包的立体感。

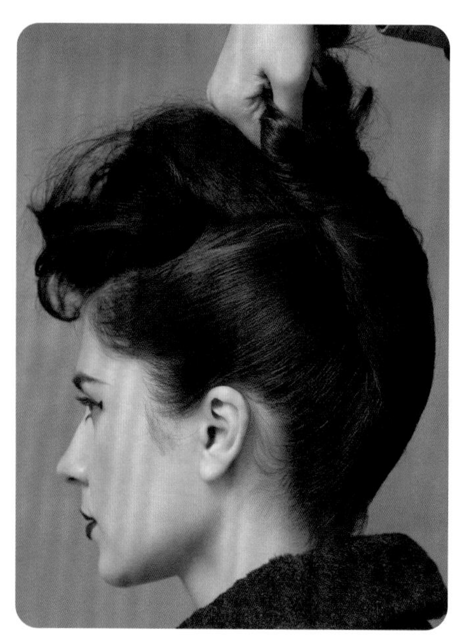

Step 04　从右半部分头发中竖向取发片，分片倒梳后拧包，将左侧固定好的发尾部分进行覆盖，使其整体形成一个单包，留出发尾。

Step 05　在单包边缘的缝隙衔接处用一字卡依次斜向上进行固定，使单包更牢固。

Step 06　从头顶预留出的头发中横向取片并倒梳，使顶区的轮廓更饱满。

Step 07　将倒梳后的顶区头发表面梳理平整，使之呈现自然流畅的S形纹理。用手指将侧面的头发向外轻拉，使曲线纹理更加明显。

Step 08　将顶区头发的发尾向左梳理，按照烫卷后的纹理绕成环状，并用U形卡固定。

Step 09　观察顶区头发的纹理与下半区头发形成发包的衔接关系，然后在头发纹理略有松动处用U形卡固定。佩戴发饰，结束操作。

· 完成 ·

The End

油画复古发型

针对油画复古发型而言，笔者认为其更侧重从色彩和拍摄角度出发进行塑造。油画复古是造型中常被提及的一个概念。在这里，笔者想表达的油画复古的概念主要是从古典角度出发的，也可以称之为古典复古，要表达的是一种安静、含蓄、柔和、高贵却不过分华丽的优雅之美。一般在拍摄的时候，笔者更愿意让模特静静地表达某种情绪，而非肢体语言。这样更能契合这个主题，也更能展示出笔者的初衷。

⇨ 造型要点

这一组造型运用了复古造型中惯用的元素和手法。为了营造古典美，选取了一些古典服装进行搭配，而不添加过分华丽的配饰。辫子元素和对称式发型结构的运用是这类造型表达的重点。

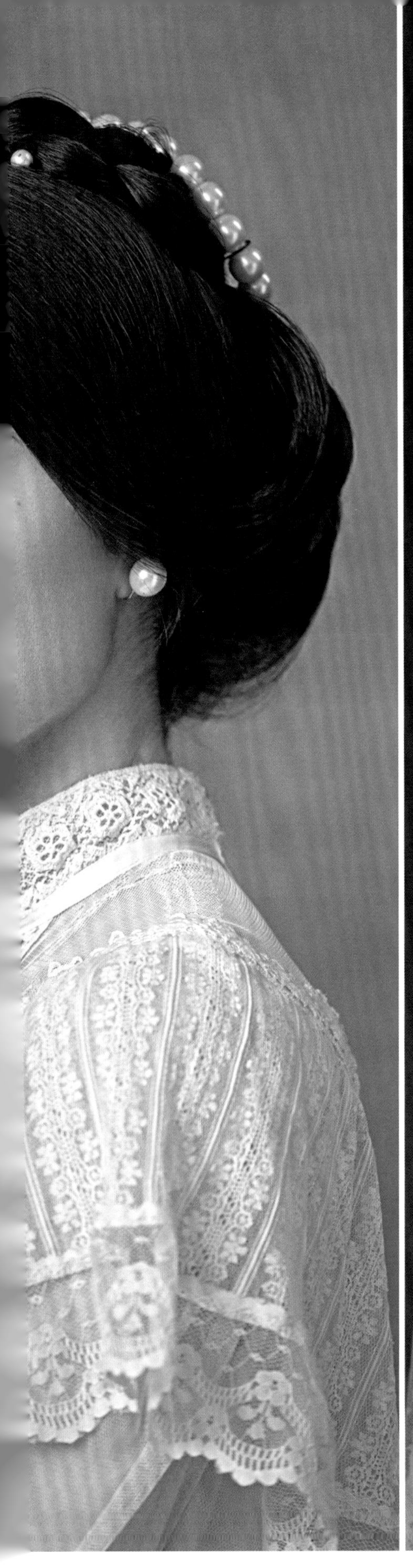

教程示范 1

Step 01　将头发分为前后两个发区。将后发区头发分为上下两个部分，并将下半部分的头发扎成一条马尾。

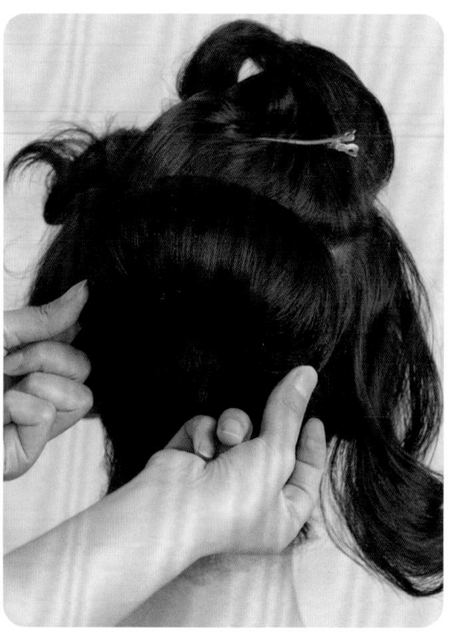

Step 02　将扎好的马尾横向分发片，倒梳后形成发包，用手指向左右两个方向轻拉，使宽度增大。

Step 03　将后发区上半部分的头发梳理通顺，使之连接成一整片。然后按照梳理后形成的自然纹理在后发区发包上方进行摆放。

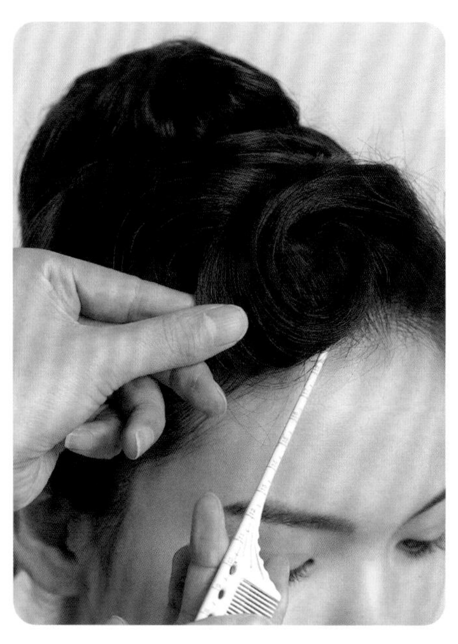

Step 04　将前发区中间部分的头发梳理成片状，按照自然纹理向后摆放成S形，并与顶区后部分头发的纹理相衔接。从前发区左侧取一片头发，拉至顶区后在前额处做成卷筒。

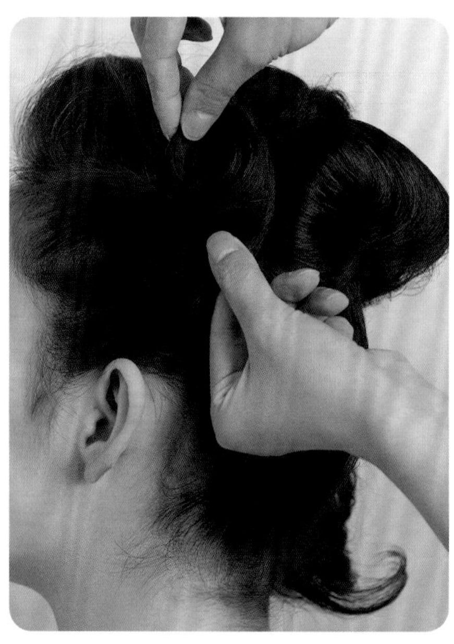

Step 05　将前发区左侧剩余的头发斜向上梳理并将发尾处理成卷筒，与顶部的纹理衔接后固定。

Step 06　将前发区右侧的头发向斜上方梳理。

Step 07　将前发区右侧头发的发尾绕成环形纹理并用U形卡固定。

Step 08　用定位夹将前发区头发的纹理固定好，使头发的纹理更加明显且立体。

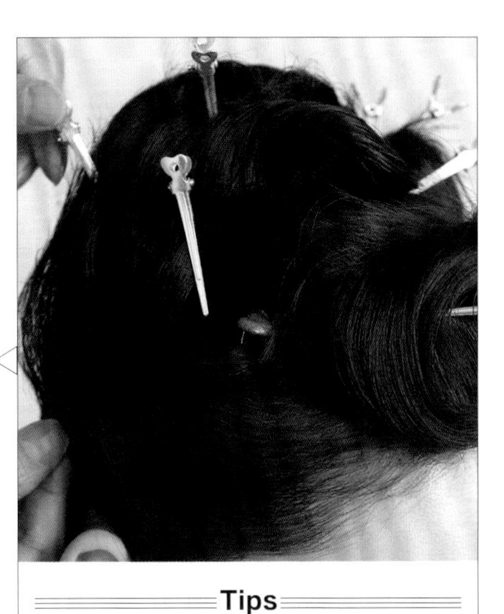

Tips

在以上操作中，每做一个卷筒都要预想出下一个卷筒的位置，使其整体呈现出自然摆放的效果，避免生硬。

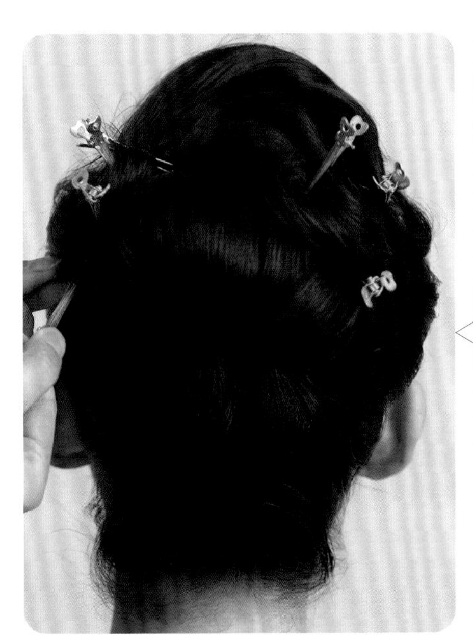

Step 09　调整后发区的头发，喷发胶定型。待发胶干后取下定位夹。

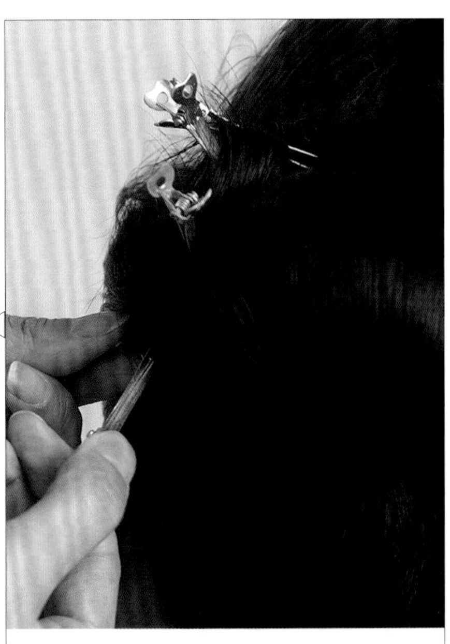

Tips

取定位夹时要小心些，避免勾拉头发，使其凌乱。

Step 10　佩戴发饰，结束操作。

教程示范 2

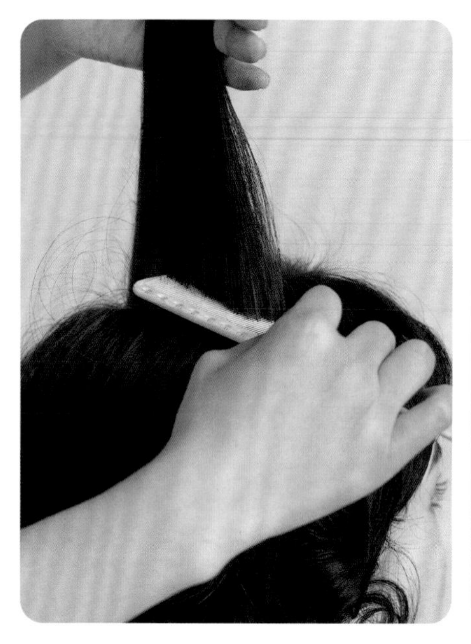

Step 01　预留出前发区的头发，从后发区最前面开始横向取发片并依次倒梳。

Step 02　将前发区的头发中分，将头发向左右两侧梳理干净。

Tips

在处理外翻发尾的过程中，注意保持头发表面干净，如此才能让发型整体看起来更精致。

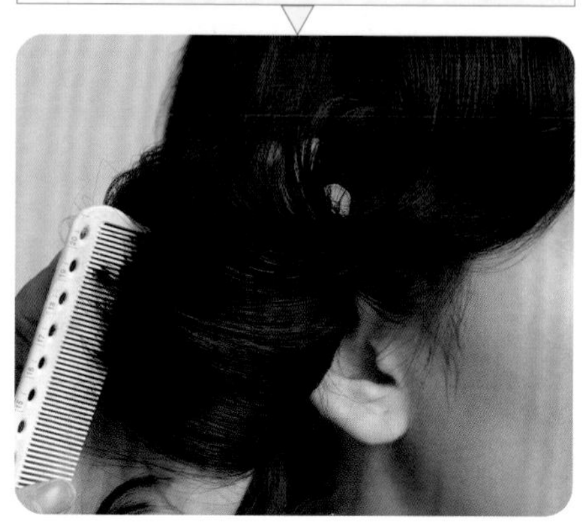

Step 03　将右侧头发用梳子向后进行翻转梳理，使发尾形成统一外翻的纹理。

Step 04　将后发区头发的发尾向上翻转，使之形成自然的圆筒。前后发区拐角处张开的头发可以用鸭嘴夹在内部固定。

Step 05　在额角处用小号鸭嘴夹临时固定，确保额角处的头发不变形。进一步修整卷筒形成的低发髻的圆润程度。

Step 06　由于头发的长度有限，形成的卷筒会松动，我们可以用多个鸭嘴夹固定，使低发髻更加圆润。

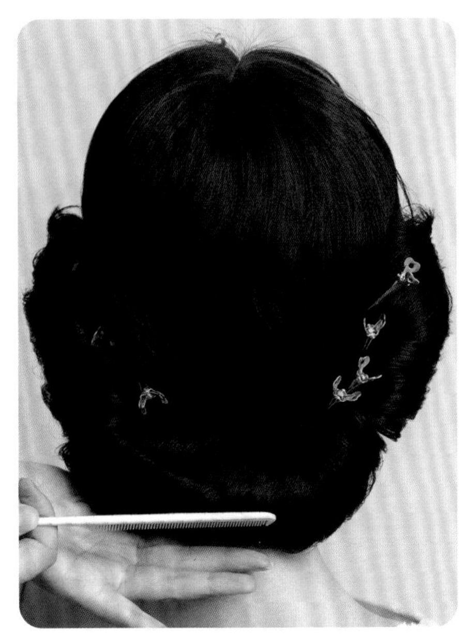

Step 07　将后发际线部分紧贴颈部的卷筒用尖尾梳整体向上向内梳理，使发型更加精致、干净。

Step 08　调整前发区头发的细节，用定位夹在中分线两侧固定，使其产生微微隆起的效果，如此更能起到修饰脸形的作用。

Step 09　将额角处的鸭嘴夹取下，将发片向前轻推，再用鸭嘴夹固定。

Step 10　喷发胶定型。待发胶干后取下鸭嘴夹。佩戴发饰，结束操作。

教程示范 3

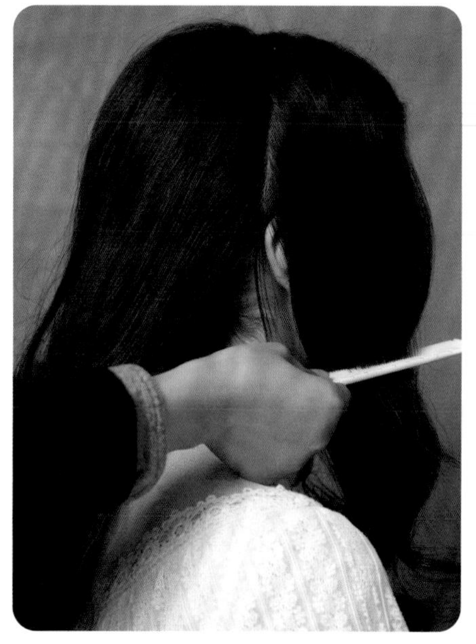

Step 01　以左右耳后点为基准点将头发整体分为前后两个发区，然后将头发梳理至光滑、平整。

Step 02　用25号卷发棒将头发进行烫卷。

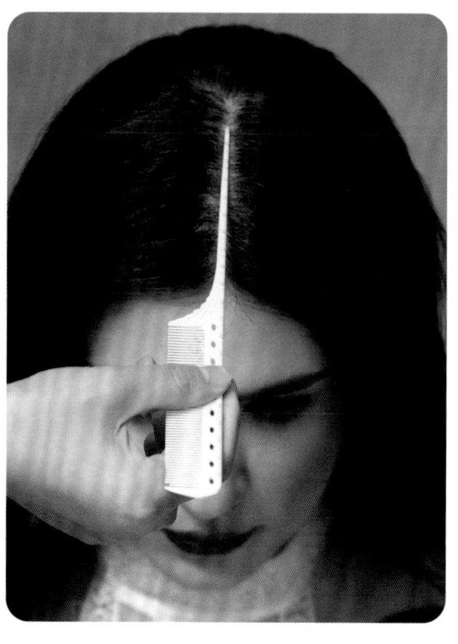

Step 03　将前发区的头发中分，注意要确保分缝线极为干净，如此才能体现出特有的古典美。

Tips

编发辫时手不宜抬得过高或过低，且三股辫需保持干净、整齐。

Step 04　从后发区顶部取一缕头发，并将其编成三股辫。

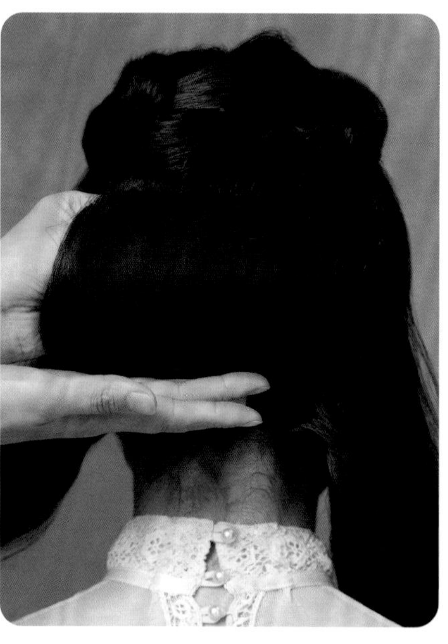

Step 05　将后发区的三股辫环绕成一个椭圆形的发髻。将后发区剩余的头发整体横向取发片并倒梳，待发片连接成片后整体向上翻转做卷筒，注意卷筒与发髻间的空隙不宜过大。

Step 06　将前发区左侧的头发用鸭嘴夹在太阳穴位置固定。将发尾向后梳理并遮盖住耳朵，然后向上翻转，与发髻衔接并留出发尾。

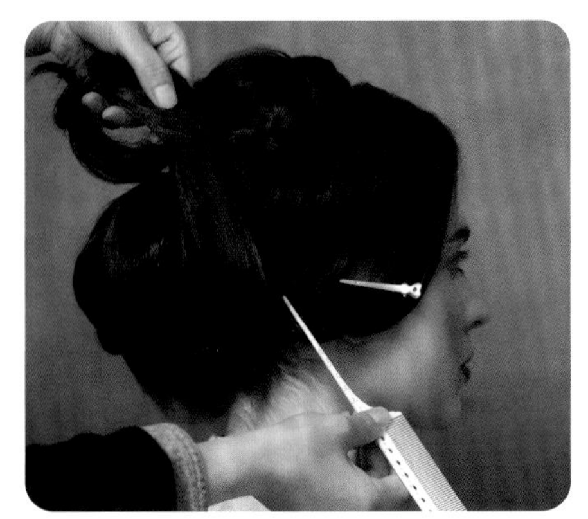

Step 07　前发区右侧的头发采用与左侧相同的手法处理。

Step 08　将前发区左右两侧留出的发尾合在一起编成三股辫，用一字卡将其固定在后发区的间隙处。

Step 09　佩戴发饰，结束操作。

· 完成 ·

The End

教程示范 4

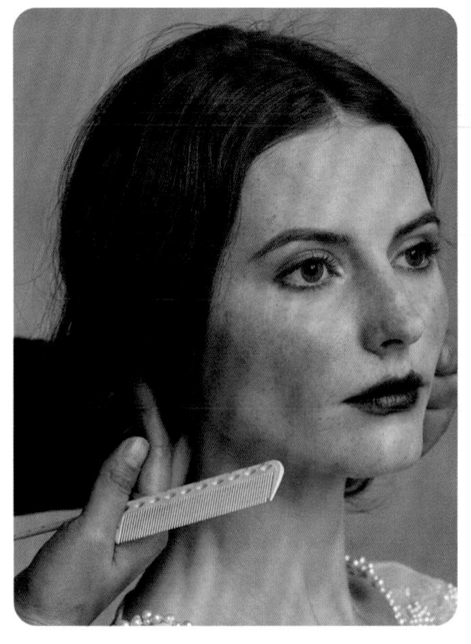

Step 01　将头发整体做平卷处理。然后将前发区的头发中分，将分好的头发梳理至干净、整齐。

Step 02　从前发区左右两侧各取1片或2片头发，用19号卷发棒进行烫卷。

Step 03　自前后发区分缝线开始，依次从后发区横向取发片并倒梳，使后发区的轮廓更饱满。

Step 04　将后发区的头发整体梳理至干净、平整。然后将中间部分的发尾做内扣处理，左右两侧的发尾分别向两侧扣卷。

Step 05　轻喷发胶，用发胶瓶按照头发的纹理走向进行轻压，收整碎发的同时使纹理更加明显。

Step 06　用手托住卷筒纹理，在图中所示梳柄处进行固定，右侧采用相同的手法进行处理。

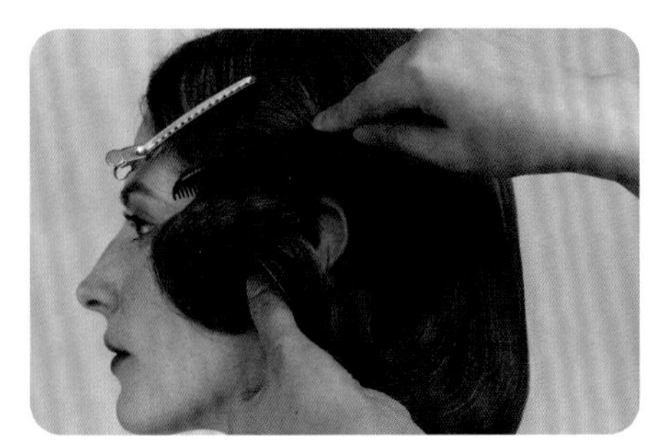

Step 07　对前发区左侧的头发进行手推波纹处理，在额角和脸颊处形成两个波纹，用鸭嘴夹固定。

Tips

前发区左右两侧的头发要遮住耳朵，这是处理本发型的一个细节点，需要特别注意。

Step 08　前发区右侧的头发采用相同的手法进行处理。

Step 09　喷发胶定型。待发胶干后取下鸭嘴夹。佩戴头纱发饰，结束操作。

· 完成 ·

The End